Sur les antidotes contre la peste

Écrits médicaux sur la peste
XIVe-XVIIe siècle

Acteurs de la Science

Fondée par Richard Moreau,
professeur honoraire à l'Université de Paris XII
Dirigée par Claude Brezinski et Roger Teyssou

La collection Acteurs de la Science est consacrée à des études sur les acteurs de l'épopée scientifique moderne ; à des inédits et à des réimpressions de mémoires scientifiques anciens ; à des textes consacrés en leur temps à de grands savants par leurs pairs ; à des évaluations sur les découvertes les plus marquantes et la pratique de la Science.

Dernières parutions

AMIC, *L'équilibre*, 2021.
Daniel BOIS, *L'information du vivant au numérique. L'homme face à la complexité*, 2020.
Frédéric TOURNIER, *Une vie à chercher*, 2020.
Robert LOCQUENEUX, *Les commencements du monde, de Moïse à Buffon*, 2020.
Alain MARMONIER, *Le Dr Melchior Marmonier,1813-1891.Vie et œuvre du promoteur de la transfusion sanguine en Grésivaudan*, 2020.
Claudio GRIMALDI, *Les Éloges de Fontenelle. La création du discours sur la science*, 2020.
Benoît LINEL, *Le docteur Vitalien. Le médecin de Ménélik II*, 2020.
Joël MARCOVITCH, *L'embryon, mémoire de l'humanité*, 2020.
Christiane VILAIN, *Où va la physique ? De la physique mécaniste à quelques élaborations contemporaines*, 2019
Vincent LAFORGE, *La chair et le plomb*, 2019.
Jean-Yves DE LA CAFFINIERE, *Robert Merle d'Aubigné, Chirurgien bâtisseur (1900-1989)*, 2019.
Roger TEYSSOU, *Théodore Tronchin et la grande aventure de l'inoculation de la variole*, 2019.
Sofiane BOUHDIBA, *Le côté obscur de la médecine. Mauvais médecins et médecins mauvais, de l'Antiquité à nos jours*, 2019.
Daniel BOIS, *L'information aux sources de la science*, 2019.
Alexandru MARINESCU, *Le voyage de la « Belgica », Premier hivernage dans les glaces antarctiques*, 2019.

Monica GINNAIO

Sur les antidotes contre la peste

Écrits médicaux sur la peste XIVe-XVIIe siècle

L'Harmattan

Du même auteur chez l'éditeur

La pellagre : histoire du mal de la misère en Italie. XIXe-XXe siècles, 2014
Homo criminalis : Cesare Lombroso et l'anthropologie criminelle italienne, 2016

5-7, rue de l'École-Polytechnique, 75005 Paris
http://www.editions-harmattan.fr
ISBN : 978-2-343-22169-4
EAN : 9782343221694

Introduction

A fame, a bello, a morbo libera nos Domine

Peste. C'est un mot porteur de funestes présages et des perpétuels souvenirs d'un grand malheur. La terreur archaïque et résiduelle du fléau par excellence demeure inéluctablement ancrée dans notre mémoire collective. Pendant plusieurs siècles, la peste a courtisé les hommes, leur léguant des stigmates qui n'ont jamais cicatrisé. La jonction entre maladie et mort est, par son biais, irrémédiablement confirmée.

Cependant, la *pestis atrocissima* a aussi été un laboratoire actif de pensée scientifique, philosophique, politique et littéraire. Elle a modelé le monde actuel en marquant l'humanité par ses crises de mortalité et par ses profonds bouleversements sociaux, économiques, politiques, sanitaires, démographiques. Ainsi, le fléau pesteux, activateur et déclencheur, est aussi un bon indicateur des progrès accomplis dans la médecine, la chirurgie et la pharmacie dès la Peste Noire et jusqu'au XVIIIe siècle. De même, l'accélération des vagues épidémiques ayant touché l'Europe a su développer les nombreuses réponses territoriales en termes de politiques sanitaires et prophylactiques, dont les principaux piliers survivent jusqu'à l'époque actuelle.

A partir de la Peste Noire, qui a sévit en Europe dés 1347, l'homme médiéval et moderne a sans cesse réfléchi aux moyens pour s'en défendre, tant par l'élimination des comportements qu'aujourd'hui on définirait « à risque », que par des conseils comportementaux, diététiques et thérapeutiques spécifiques. Ces derniers vont être l'argument principal de cet ouvrage, qui s'appuie sur ces préconisations de l'âge médiévale et moderne, pour bâtir des réflexions sur l'utilisation de la diététique et de la pharmacologie anciennes en vue de se préserver et de guérir du fléau pesteux, sans oublier le regard sur les deux vitesses thérapeutiques, appliquées en fonction de la classe sociale du malade.

En premier lieu ie parleray du fauxbourg Sainct Marcel auquel il y a infiniz pauvres gens. Estance en ce accompagné par Monsieur de l'Estelle, docteur en médecine, lequel au lieu de recevoir argent desdits pour leur curation, au contraire il leur en bailloit, estans la plupart d'iceux couchez sur paillasses, hommes, femmes, et enfans indifferemment, en grande pitié et horreur[1].

L'évolution de ces thérapies à travers les siècles sera observée par le biais des sources ici exploitées, d'origine italienne et française. La peste, atelier de la pensée et réservoir de vitalité intellectuelle, donne lieu à des nouvelles formes d'écriture, certaines totalement inédites et d'autres revisitées et déviées de leur finalité initiale dans le sens de la nouveauté représentée par la peste. Ces exercices d'écriture sont rédigés par des lettrés de provenance hétéroclite : notaires, médecins, barbiers, chirurgiens. Confrontée à la cruauté de la peste, la médecine est mise à rude épreuve : l'impuissance des médecins est blâmée et leur incapacité dans la gestion de la crise les conduit à appréhender l'urgence sanitaire comme un défi. L'écriture est aussi une forme de revendication de leurs compétences.

Le choix parmi les multiples typologies de rédactions sur la peste, qui demeurent assez diversifiées en fonction des contenus et des finalités, a été dicté premierement par leur disponibilité,

---

[1] Du Huval Baltazar, *Discours et sommaire recueil de plusieurs personnes guéries de la maladie contagieuse appellée vulgairement peste. Contenant plusieurs moyens methodics pratiquez et experimentez pour se preserver et armer contre icelle,* Paris, Pour Claude de Montre-œil, en la grande Cour du Palais, au nom de Iesus, 1583, page 15.

mais également par leur teneur, en relation à la thérapeutique. Il s'agit d'un échantillon forcement réduit, choisi parmi un nombre impressionnant de textes. Les *Regimina* ainsi que les *Consilia Contra Pestem* sont des sources écrites utiles et fructueuses pour appréhender les problématiques liées aux épidémies de peste, car porteuses d'informations tant sur la médecine et la pharmacologie que sur la nutrition ancienne et ses attentes. Une lecture comparée diachronique et synchronique de plusieurs ouvrages est une procédure qui se révèle donc avantageuse. De même, les *Regimen*, les *Consilia*, les *Tractati*, les *Compendia* et les *Successo* peuvent contenir des recommandations thérapeutiques, même si ce n'est pas systématiquement le cas. Avant l'imprimerie, le savoir ne pouvait se transmettre que dans le cadre strict des universités et des écoles de médecine. A partir de cette avancée technologique majeure, la médecine et la pharmacie médiévales progressent par l'accès facilité aux ouvrages des praticiens de l'antiquité. De même, l'imprimerie simplifie la consultation des recommandations médicales anti peste, des herbiers, des antidotaires, des recueils de recettes d'apothicaire.

La borne chronologique de cette étude est fixée entre le XIVe et le XVIIe siècle. L'analyse diachronique de cette littérature nous dévoile ainsi un aspect fort intéressant : la perception de la peste en termes de symptômes, contagiosité, mesures politiques et sanitaires demeure la même durant les trois siècles de notre analyse. Mais une étude uniquement chronologique ne suffirait pas sans l'addition d'un paramètre géographique plus élargi. Nous verrons alors comme la même pérennité a caractérisé les chemins thérapeutiques appliqués à la prise en charge individuelle du fléau tant en Italie qu'en France. L'homogénéité des contenus dans les ouvrages sur la peste, malgré la differenciation géographique, est l'un des aspects le plus fondamentaux de leur étude. En effet, bien que chaque crise épidémique donne lieu à une surabondance temporaire de production littéraire sur l'argument, en remodelant les idées, les conceptions et les moyens pour y faire face, leur teneur essentielle reste identique.

Le seul réel changement qui caractérise les ouvrages sur la peste et qui demeure marqué dans la diachronie, est lexical. Tout d'abord, la langue employée pour leur rédaction fournit un indice sur leur destination : si durant les premiers siècles après la Peste Noire le latin l'emporte, c'est ensuite la langue vernaculaire qui est mise en exergue, permettant ainsi une diffusion capillaire des informations transmises. Compte tenu de ces transformations, l'uniformité que généralement les caractérise ne contredit pas une indiscutable difficulté sémantique, soulevée aussi par l'historien Samuel Cohn pour le XVIe siècle[2], qui mentionne la complexe diversification des mots employés pour décrire les caractéristiques symptomatiques de la maladie, les simples et les thérapies préconisées. Lors d'un travail diachronique qui s'intéresse aux siècles qui ont vu la lente transformation entre le latin et les langues vulgaires, l'évolution linguistique sème le doute sur la traduction et les sens possibles. De plus, pour les sources italiennes, en fonction de l'origine géographique de l'écrivain et à cause du particularisme régional italien, le même mot peut se décliner en plusieurs nuances. Par exemple, le charbon pesteux, *carbone*, peut être indiqué aussi comme *carbonicello*, *carbonchio*, *antrace*, *carbuncolo*, en fonction du moment chronologique, de la région, ainsi que de la profession du rédacteur. En français ce symptôme se nomme carboncle ou charbon. Quant au bubon, il est pareillement défini comme bubon, bosse, tumeurs, giandussa, ghiandussa (dérivé de « gland ») ou apostème. De même, la dénomination botanique de

---

[2] Kohn, Samuel, Samuel K. Cohn Jr., *Cultures of plague, Medical thinking at the end of the Renaissance*, Oxford University Press, Oxford, 2011.

nombreuses espèces végétales ayant été plusieurs fois remaniée, avant et après Linné, l'identification taxonomique précise et actuelle des simples évoqués est un exercice délicat. Aussi, le vocabulaire contemporain pharmacologique et botanique diffère des appellations médiévales et manque de précision, notamment lorsque l'analyse est centrée sur deux pays distincts, de langue inégale, comme dans ce cas. Selon Jean-Pierre Bénézet[3], la transmission du lexique pharmacologique a été influencée par la passation du corpus pharmacologique arabe, traduit par translittération à défaut de vocables latins appropriés. Les traductions comportent donc des mots de langues différentes, qui restituent une impossible uniformisation. Des confusions parmi les espèces, un manque de classification, l'émergence de la langue vulgaire rendent l'identité précise du produit difficilement détectable.

D'autres informations me paraissent judicieuses. Pour la compréhension des simples et de leurs bienfaits j'ai utilisé deux éditions de l'*Antidotario Romano* qui m'ont été très précieuses et qui m'ont permis des comparaisons pertinentes sur les nomenclatures taxonomiques actuelles. La première est de l'année 1639 et l'autre, révisée, élargie et approfondie, de 1668.

Afin de ne pas alourdir le travail, les citations en latin et en italien ont été toutes traduites par mes soins. Je me suis interrogée sur la possibilité de reconstituer une traduction qui tienne compte de l'évolution sémantique : je me suis rendue rapidement compte qu'il m'aurait été impossible de transcrire en conservant les nuances linguistiques. Traduire c'est toujours trahir : j'ai donc choisi de rendre en français actuel un italien médiévale ou de la Renaissance. Même si ce manque de concordance induit une perte de charme dans la traduction, les propos tenus par les

---

[3] Bénézet Jean-Pierre, *Pharmacie et médicament en Méditérranée occidentale (XIIIe-XVIe siècles)*, Paris, Honoré Champion, 1999.

auteurs italiens ont été parfaitement respectés. Quant aux français, les citations des auteurs ont été rapportées à l'identique, ce qui demande au lecteur d'être averti et accoutumé sur les tournures de la langue française médiévale et de l'âge moderne, ainsi qu'à sa défaillance d'accents. Ces avertissements sont essentiels puisque l'intégralité de ce livre se fonde sur les paroles des auteurs, directement extraites des sources analysées. Le recours aux nombreuses citations est donc un choix stylistique qui entretient la magie des mots, la précision des propos et les théories médicales des auteurs en respectant fidèlement leur texte. Pour les ouvrages en français, le lecteur pourra pénétrer les méandres philologiques crées par la progressive transformation entre le latin et le français, entre les textes les plus anciens et les plus récents. C'est un voyage chronologique à travers les cures et les conseils des praticiens autant qu'un périple qui migre à travers l'évolution linguistique du français médical. Cette exploration sémantique et stylistique aurait pu être conservée en italien également, mais cela aurait sérieusement surchargé la lecture.

Ce travail est finalisé à l'étude des comportements médicaux et spécialement thérapeutiques face à des épidémies de peste chronologiquement distantes. Cet objectif exclue tout naturellement certains aspects de la maladie, sciemment écartés et renvoyés vers des auteurs ayant travaillé plus spécifiquement sur les sujets. Par exemple, les causes et les origines des épidémies de peste qui ont sévi entre 1348 et le XVIIe siècle en Italie et en France ne seront pas étudiées, ainsi que les actions des autorités gouvernementales et administratives face aux changements engendrés par l'impact démographique et sanitaire de ces fléaux, car la réponse politique est un aspect très dense du problème qui mérite d'être traité de manière spécifique. De même, aux fins de l'économie générale du travail, les mécanismes de transmission, les symptômes, les descriptions de la maladie, la perception de ses causes par les contemporains et l'impact psychologiques des épidémies ne seront abordés qu'en fonction des besoins du discours.

Les signes de peste future sont une chaleur extreme avec le tremblement des nuees, multitude de pluyes non naturelles ny accoustumees avec une multiplication des vers et des serpents et un soufflement de vents sans cesse, ainsi qu'une multiplication de verolle aux petits enfants[4].

L'ambitieux projet de tracer une histoire des thérapies et des préconisations contre la peste s'apparente aussi à un aspect de l'histoire sociale des populations italiennes et françaises médiévales et modernes face à la rudesse de l'épreuve épidémique : ces textes dévoilent un éclairage sur les attitudes, les croyances et les représentations de l'impact de ce mal sur la société. La situation sanitaire divulguée à travers ces écrits laisse entrevoir des préconisations thérapeutiques qui se rattachent plus à des séances de torture qu'à des tentatives de guérison. Les interventions chirurgicales sont effectuées, sans aucune réelle technique d'anesthésie, sur des pestiférés hautement affaiblis, fiévreux, dans un état de prostration extrême. Cette dernière perspective, associée à l'étude des recommandations préservatives et curatives contre la peste, invite l'histoire des sciences dans le débat, par l'intermédiaire de l'histoire de la médecine et de la pharmacie.

Si la peste vient de Dieu pour punition de nos offenses ou de quelque maligne influence de certains astres la verolle et la rougeolle ont de constume de la preceder comme avancoureurs et heraux pour annoncer sa venue[5].

Au demeurant, un approfondissement épistémologique de la place de la peste dans l'histoire des sciences, ne pourrait se

---

[4] Du Huval Baltazar, cité, 1583, page 6.

[5] Le Paulmier Julien, docteur en medecine, *Bref discours de la préservation et curation de la peste*, Caen, Chez Pierre Le Chandelier, 1580, page 3.

soustraire de la remarque inhérente à l'élargissement de la dénomination « peste » à toute grande épidémie, car le mot se réfère à la nature collective de la maladie. On verra comme les citations des auteurs dans les sources directes mentionnent très souvent les préconisations anti peste des médecins de l'antiquité, qui, dans l'état des études actuelles, n'avaient pas connu le mal dans le sens moderne du terme. Pestilence est donc une appellation très dilatée qui englobe toute maladie de type épidémique.

Il y a une espece de peste dite Caquesangue, qui a un flux de ventre qui ulcere et corrode les intestins, tellement que par les selles on voit sortir comme une racleure de boyaux et du sang tout pur, ou du pus ou boue, ou autres matières purulentes, avec une extreme douleur. Il y a une autre espece de Peste appelée Coqueluche, ainsi dict parce que ceux qui en estoient esprins sensoient une extreme douleur de teste, et à l'estomac, aux reins et aux jambes avec fievre continue et souvent avec delire et phrenesie. Lorsqu'on les purgeoit, ou saignoit, on a cognu leur avoir abregé leurs iours[6].

Les prémices des ouvrages de préservation ou soin contre la peste débutent relativement tôt, juste à la suite de la première pandémie de peste reconnue comme telle, la « Peste Noire », qui aborde les côtes du *Mare Nostrum* en 1347 depuis la Crimée. Le fléau aurait pu être importé en Europe à travers les nombreuses voies terrestres, maritimes et fluviales, qui liaient ce continent aux pays du Levant et d'Afrique du nord, sièges de comptoirs commerciaux des grandes villes marchandes européennes : Alexandrie d'Égypte, Saint-Jean-D'acre, Caffa, la Dalmatie, les opulents chemins de la soie riches en commerces. Quant à l'Italie, les ports mercantiles de l'Italie méridionale, de la Sicile et de Venise en particulier, constituent une porte ouverte

---

[6] Paré Ambroise, *Discours d'Ambroise Paré, Premier Chirurgien du Roy, de la Momie, des Venins, de la Licorne et de la Peste*, Paris, chez Gabriel Buon, au Clos Bruneau, à l'enseigne S. Claude, 1582, page 47.

au fléau : la contamination est tellement rapide et brutale que déjà en janvier 1348 l'épidémie touche la Sérénissime. Le mal déferle sur une Europe où les hivers rudes du « petit âge de glace » ont entraîné les mauvaises récoltes génératrices de disettes et donc de famines. Des moyens alimentaires instables dans des territoires surpeuplés, contraints ainsi à verser une accablante rançon à la mort noire, de l'ordre d'un tiers de la population. Le désastre est incommensurable.

D'autres grands fléaux nommés « pestes » avaient précédé la peste noire : la « peste d'Athènes » en 460 av. J.-C. et la « peste de Justinien », en 541 de notre ère, mais depuis 1348, le fléau ne quittera plus l'Europe pendant plusieurs siècles, se manifestant tous les dix ou douze ans environ.

Son haut niveau de contagiosité et ses extrêmes morbilité et létalité, en font l'épidémie par excellence, bien que sa réelle étiologie ne pouvait pas être comprise par les auteurs des textes étudiés. Le bacille de la peste, *Yersinia Pestis*, n'a été découvert qu'en 1894, par le médecin franco-suisse Alexander Yersin lors de son séjour à Hongkong où sévissait une épidémie : le cycle pestigène rat noir-puce du rat-homme a dès lors pu être révélé. En accord avec la plupart des théories, la puce infectée transmet la bactérie aux rongeurs, en particulier le rat, provoquant une épizootie suivie par une zoonose. La mortalité des populations murines entraîne la recherche d'un autre hôte : la puce s'installe alors chez l'homme, qui partage son quotidien avec ce rongeur par une promiscuité absolue, favorisée par une défaillance hygiénique sévère. Il existe d'autres hypothèses qui modifient le sens du cycle, le rat pouvant alors être le réservoir de la maladie[7]. Quoi qu'il en soit, au point d'inoculation, la multiplication bactérienne crée la nécrose responsable du charbon, une sorte

[7] Pour un approfondissement sur le rôle du rat dans la transmission de la peste, voir Audouin-Rouzeau Frédérique, *Les Chemins de la peste, La rat, la puce et l'homme*, PUR, Rennes, 2003.

d'escarre noirâtre. Le circuit lymphatique transporte le bacille vers le ganglion le plus proche, où il se multiplie en se répandant dans l'organisme par voie sanguine. La peste étant une affection du système lymphatique, l'adénite infectieuse attaque le ganglion lymphatique en conduisant à l'émergence du bubon. Les premiers signes cliniques apparaissent après la période d'incubation, entre un et six jours ; le décès survient quelques jours après les manifestations initiales. La peste bubonique, mortelle dans environ 70% des cas, peut évoluer vers une forme pulmonaire, notamment en hiver, à la violente puissance contagieuse interhumaine par l'inhalation directe du bacille, au pronostic habituellement létal, caractérisée par l'hémoptysie, les difficultés respiratoires, la toux et l'épistaxis. La typologie pulmonaire avait été déjà observée durant la peste noire. Gentile da Foligno, ainsi que Giovanni della Penna, en 1348, évoquent dans leurs *Consilia* la « peste des poumons », avec ses saignements et son décours funeste. Pour conclure, la forme « septicémique », bien moins diffuse, est caractérisée par un progrès létal plus rapide et par une forte fièvre. Bien que l'homme ne soit pas un réservoir naturel du bacille et en dépit des bénéfices apportés par la streptomycine dans sa cure, actuellement quelques foyers de peste survivent dans le monde.

Ainsi, à la lumière de ces explications, il est aisé de comprendre l'obscurité dans laquelle les auteurs des ouvrages consultés demeuraient quant aux causes de la maladie mais également à sa prise en charge.

La peste est un nuisible venin, porté par l'air jusqu'au centre des plus nobles parties du corps et partout il infecte les esprits, le corps et les humeurs : faisant paroitre la malice par mort, charbons, bubons, carboncles, exanthèmes, flux de sang, vomissement, syncope, profonds endormissements[8].

Pour les contemporains, l'air contaminé et corrompu est à l'origine d'une altération des humeurs qui, associé à la froideur et à l'humidité, entraîne une putréfaction interne rendant le corps plus idoine à la contamination pesteuse. La peste est donc considérée comme une fièvre putride causée par l'obstruction des voies organiques, qui empêche l'écoulement des humeurs malsaines. En accord avec nos auteurs, la virulence épidémique est subordonnée à la force de l'agent pesteux, mais aussi à la prédisposition individuelle, à la proximité entre le malade et son entourage, ainsi qu'à son environnement, propice ou défavorable à l'apparition de la maladie. Les dérèglements alimentaires, les comportements quotidiens déplorables et les états d'âme avantagent alors le cheminement de la peste.

Ceux qu'on voudra connoistre estre pestiferez et qu'on se doute qu'ils le sont, il faut leur faire regarder le ciel et s'ils disent ne pas pouvoir parque la teste leur tourne et s'ils sont tristes avec froideur des extremités, il se faut garder d'eux et les tenir comme empestez, notamment s'ils ont méprisé les préservatifs et les régimes[9].

Le médecin Angelico Vespasiano, qui écrit en 1577[10], relate l'évolution des symptômes de la peste entre les tous premiers signes et le décès du malade. Les manifestations graves et incontestablement liées à la maladie sont précédées par des courbatures, la tête lourde et une anorexie. Un mal à la gorge, une sensation de brûlure dans la bouche et des yeux exorbités

---

[8] Gabriel Clement, *Le trespas de la peste*, Paris, Chez Ieremie et Christophle Perier à la Grande Salle du Palais, proche les Consultations, 1626, page 7.
[9] Dolois Louys Guyon, *Le cours de medecine en françois, contenant le miroir de beauté et santé corporel*le, 1673, page 48.
[10] Vespasiano Angelico (citoyen de Vérone), *Consiglio per conservarsi sani in tempo di peste*, Stampato con licenza della Santissima Inquisizione e del Collegio dei Medici, Verona, 1577, page 8.

s'en suivent. Selon Vespasiano, la troisième étape est caractérisée par une fièvre très élevée accompagnée par une grande soif, une migraine sévère et la bouche amère. Il décrit des yeux *qui paraissent sortir de la tête, rouges et injectés de sang.* Les urines changent de couleur et de densité. Elles peuvent être rouges, noires, troubles (*comme l'eau après y avoir lavé des vêtements crasseux*). Parfois elles ont la couleur du fenouil, épaisses, ou même jaunes avec une sorte de « veine » au milieu et tantôt avec un dépôt (*signe mortel*). La langue est âpre, brûlée, ardente, noire (*signe des plus néfastes*). Le malade évolue vers une hypersomnie, une diarrhée, des vomissements, la nausée et les douleurs de l'estomac. Le bubon apparaît. Le délire et la catalepsie sont les signes avant-coureurs de la mort.

Les signes de la peste sont le changement de tout le visage du malade, le corps mol au toucher comme celuy de ceux qui se sont baignez. Chaleur grande et principalement au dedans du corps, battements d'arteres très violent, le pouls tantot fort tantot petit, grande douleur de teste, vomissement, appetit perdu, la langue seiche, delire, assoupissement, la face rouge et les yeux etincelants, defaillance de cœur, charbons, bubons. Quelques fois les malades ont difficulté de respirer, l'urine est trouble et rougeatre, leurs selles sont liquides et comme fenduês et ils les font souvent sans le sentir[11].

Pour Francesco Alessandri, en 1586, les urines troubles et rougeâtres sont provoquées par les excréments du sang bouillonnant, cause principale de leur mauvaise odeur.

Peste est une maladie venant de l'ire de Dieu, furieuse, tempestative, contagieuse, terrible, farouche, traistresse, fallacieuse, ennemie mortelle de la vie des hommes et de plusieurs animaux et plantes, accompagnée de très cruels et pernicieux accidens, qui sourdent iournellement avec elle : comme fievre, bubons, charbons, pourpres,

[11] *Traicté de la peste*, avec les remedes certains et approuvez, cité, 1606, page 11.

flux de ventre, delire, phrenesie, douleur mordicative d'estomac, palpitations de cœur, pesanteur et lassitude de tous les membres, sommeil profond et les sens tous hebetez. Aucuns ont une chaleur interne brulante, sont froids au dehors, avec inquitude, difficulté de respirer, vomissements frequens, flux de sang par le nex et par les autres parties du corps, appetit perdu, la langue seiche, noire et aride, regard hideux, la face pale et plombine et quelquefois rouge et enflammée, tremblements, crachement de sang, puanteur des excréments et plusieurs autres selon la pourriture et altération de l'air pestifere et de la cacochymie du malade. Souvent l'air pestilent faict mourir une personne par une exhalation, qui subit le faict tomber par terre raide mort[12].

Les tâtonnements thérapeutiques ne peuvent soulager les pestiférés de leur douleur. L'impuissance médicale s'accompagne de la complète ignorance quant aux causes d'une affection si grave et contagieuse. Aux cinq F à fuir pendant la peste, dictées par le médecin padouan Michele Savonarola au début du XVe siècle dans son *De Preservatione a peste* (*fatica*, *fames*, *foemina*, *fructi*, *flati*), le même auteur oppose les cinq F des thérapies curatives (*flebotomia*, *focus*, *fricatio*, *fluxus*, *fuga*). L'homme du Moyen Age, tant savant qu'illettré, emprunte des chemins explicatifs qui ont recours à la superstition, à la volonté divine qui s'accompli à travers les astres, à des puissances supérieures qui punissent ainsi l'être humain de ses péchés.

Les astrologues, observateurs des choses celestes et des merveilleux effets des planetes pensaient que la peste venait du ciel. Ils disaient que lorsque les etoiles ennemies de la vie humaine occupent les signes de la triplicité aerienne, Gemeux, Balance et Verseau, l'air devient pestilent et la putrefaction sera dans l'air. La semence de la peste peut se considérer de deux manières principales : dans l'une, elle provient des choses inférieures, comme les eaux grosses, stagnantes, maraicageuses, les vents putrides, les cloaques ouvertes, les cadavres

[12] Paré Ambroise, cité, 1582, page 47.

non enterrés, les fumiers, les residus de cuisine, laissés pourrir au soleil. On est proche de la peste lorsque les animaux generateurs de putrefaction se multiplient : puces, punaises, mouches, sauterelles, grenouilles et rats. Souvent on remarque les animaux qui habitent les entrailles de la terre hors du sol. Les oiseaux qui sentent la putrefaction abandonnent les nids et même le pays. Dans l'autre manière, elle est envoyée du ciel. Si une conjonction d'étoiles aide les humains, l'autre est formée par des étoiles maléfiques ou des comètes. Du coup, la peste se genere par le concours du ciel, de l'air, de l'eau et de la terre. Dans l'air, donc, apparaissent parfois des signes de peste : comme si des feux couraient, ou des étoiles tombantes, ou encore des formes comme des colonnes des dragons ou d'autres figures, en particulier en automne, septembre ou octobre. Dès lors qu'on apercoit ces figures, on pourra raisonnablement craindre l'arrivée de la peste et s'en méfier. Certains mentionnent les cometes, mais il va falloir spécifier que la comete n'est signe de peste uniquement lorsqu'elle dure très longment. Quand elle survient en Taureau ou Bélier, elle est porteuse de nombreux maux et particulièrement de bubons, en Gemeux, elle prédit des infirmités chez les enfants, de la mortalité, des famines, des avortements, de la mortalité d'oiseaux, de la corruption venimeuse et la ruine des recoltes. Il va falloir aussi nommer une autre cause externe : les onguents pestiferés. Il y a assez de personnes qui pensent impossible que cela puisse produire autant d'effet. Mais bien qu'ils s'agissent comme des personnes d'inestimable ingéniosité, je ne peux pas leur donner foi. Au contraire, je suis persuadé qu'on puisse préparer des onguents tant mauvais qui puissent infecter par la peste pas seulement une province, mais le monde entier, si on n'en trouve pas un remede. Je ne sais pas comment fabriquer ces mauvaises compositions et même si je le savais, je ne le dirai pas, et encore moins je l'écrirais, de crainte que certains puissent experimenter un danger pareil[13].

[13] Augenio Orazio, *Del modo di preservarsi dalla peste, libri tre, scritti volgarmente per beneficio comune*, Fermo, Astolfo de Grandi, 14 marzo 1577, page 20.

L'ars parva entre crase et dyscrasie

La santé n'a pas de prix
Plutarque

Au Moyen Age et tout au long de la période examinée à travers les sources, *l'homme est fait d'un corps matériel et mortel et d'une âme immatérielle et immortelle*[14] : le corps, *exemplum* de la vanité et du péché, doit être châtié et mortifié à travers les jeûnes, les pratiques ascétiques, la chasteté, l'abstinence et les pénitences corporelles, saluées comme des vertus.

La Sainte Escriture nous temoigne que la peste est esprez envoyée de Dieu sur la terre, pour la punition des pescheurs. Il ne faut point doubter que quand cette cruelle maladie regne, que notre Seigneur courroucé contre nous, ne nous chastie de cette verge pour avoir transgressé les saincts commandements[15].

Le Moyen Age a substitué à l'idée classique de *mens sana in corpore sano* le nouveau concept de *mens sana in anima sana*. La vision antique de la nudité du corps humain laisse sa place à la honte éternelle du péché original. Le Christianisme est une bride sévère, le corps n'est que l'enveloppe de l'âme, un *memento mori*, exemple de l'inutilité de la vanité et des plaisirs terrestres. Ainsi, le médecin qui connaît le corps humain et le guérit à travers les recommandations contenues dans les *Consilia* et les *Regimen* parvient à dévoiler la relation entre le corps et l'âme. Le clivage entre *salus animae* et *sanitas corporis* affecte le concept de maladie, qui est aussi une épreuve envoyée par

---

[14] Schmitt J.-C., *Dictionnaire raisonné de l'Occident Médiéval*, Paris, Fayars, 1999, page 232.
[15] Gabriel Clement, cité, page 13.

Dieu pour *châtier les réprouvés, ramener dans le droit chemin les élus errants et conduire les justes à accroître la gloire de leur mérite à l'image de Job*[3)]. Seule une âme pure peut implorer la guérison, le malade est donc contraint, avant toute cure, de se confesser et se communier.

C'est une tradition très ancienne que les gens, en temps de peste, invoquent l'aide divine. Cette bête cruelle, sans aucun égard, en un instant attaque le cœur et corromp ses substances de manière impétueuse et, par une manière quasiment inconnue aux medecins, peut tuer un nombre infini de personnes. Les gens penserent alors qu'il ne pouvait pas avoir d'autres remedes qu'apaiser et mitiger la cholere de Dieu[16].

L'*incipit* du *Consilium* de Nicolo de Burgo, de 1382, est rédigé comme un remerciement et une salutation à Christ, *qui solus sanat.* Cette purification, indispensable pour le salut du corps, est irréalisable pendant les épidémies de peste, lorsque la soudaineté du fléau est incompatible avec les rites religieux de pardon et de passage.

Outre l'aspect spirituel, indispensable comme prélude à toute intervention médicale, la partie pratique de la médecine médiévale est formée par les apports des expériences qui l'ont précédée, notamment de l'antiquité. La terre, le feu, l'air et l'eau sont les quatre éléments sur lesquels se fonde tout ce qui existe sur terre, parfait miroir du ciel et de ses quatre planètes. Le mouvement des astres se retrouve dans les pèlerinages de l'âme : l'homme, comme toute chose, est né de l'eau et vit sur la terre. *Son âme vole dans l'air, pas encore parfaite, mais plus proche du feu, le divin élément purificateur et spiritualisant*[17].

---

[16] Augenio Orazio, cité, page 6.
[17] Conci Giulio, *Pagine di storia della farmacia*, Milano, Vittoria, 1934, page 21.

Dans l'antiquité grecque, les prémisses de la théorie des quatre éléments sont inaugurées par Alcméon de Crotone, au Ve siècle avant notre ère. En accord avec la pensée du médecin et philosophe de la Grande Grèce, le corps humain est formé par un mélange de qualités qui régissent la santé à travers leur équilibre. Seul un état de *diké*, donc de justice, est garant de la santé de l'homme. Les quatre éléments sont aussi au cœur de la pensée d'Empédocle d'Agrigente (483-432) : ils ont la même importance, tant en taille qu'en quantité et seraient soumis à l'action de deux forces contraires, l'une d'attraction et l'autre de répulsion. Quant à Platon (423-348), il admet aussi que la matière primordiale soit composée par quatre éléments, considérés comme des corps en forme de triangles qui peuvent s'unir ou se séparer comme les matières chimiques. Plus tard, Aristote (384-322), définit ces quatre éléments comme le résultat de l'action des quatre qualités sur la matière primordiale.

Froid +sec	Froid + Humide	Chaud+ Humide	Chaud+ Sec
Terre	Eau	Air	Feu

Empédocle, Platon et Aristote identifient et classifient une nouvelle substance, l'éther, immatérielle, infinie, céleste et libre de la notion de « contraire » qui affecte les autres éléments. L'éther est la « quintessence », ou cinquième élément, qui revêtira une grande importance pour l'alchimie et la pharmacie des siècles à venir. Platon et Aristote, de même, introduisent et approfondissent le concept médical de *pneuma*, souffle chaud doté des propriétés du feu et des corps célestes, qui exprime la chaleur animale nécessaire au corps humain. La semence de l'homme, par exemple, est une forme de *pneuma*, siège de l'âme, qui remplit le sang de sa chaleur vitale. La théorie du pneuma prendra son essor philosophique avec le stoïcisme.

Le concept des quatre éléments en médecine, uni à la théorie des humeurs, trouve son expression la plus complète chez Hippocrate de Kos, dont la vie et l'oeuvre sont entourées d'une aura légendaire. Vraisemblablement né en 460 avant J.-C. dans l'île de Cos, au sein d'une famille de médecins, Hippocrate a rédigé un nombre très important de textes médicaux. Les doutes sur son existence et sur l'unicité de son oeuvre ont ouvert la « question hippocratique », qui, comme pour Homère, se fonde sur l'impossibilité pour un homme seul d'écrire un tel corpus de textes, malgré la cohérence médicale et philosophique qu'ils présentent. Dans le Corpus Hippocratique, les préconisations du père de la médecine sont définies : l'auscultation des sifflements pulmonaires, l'observation du patient, de son corps, de son attitude. C'est Hippocrate qui décrit le « faciès hippocratique », détectable dans les traits faciaux d'un malade à l'approche de la mort. Ces examens aident à comprendre les transformations affectant le patient lors de la transition pathologique entre santé et maladie. A travers la doctrine de la *prognose*, Hippocrate étudie le cours et le mouvement de la maladie. Les symptômes, l'anamnèse, le diagnostic, la thérapie, le pronostic et le déroulement de la maladie sont soigneusement rédigés dans une fiche médicale.

Le corps humain comprend en soi le sang, le flegme, la bile jaune et noire. Cela constitue le corps humain et crée la maladie et la santé. La santé s'établit lorsque ces humeurs sont en relation correcte de force et quantité et le mélange est parfait. La maladie se crée lors que l'un de ces humeurs est en excès ou en défaut ou bien lorsqu'il n'est pas correctement mélangé dans le corps. De plus, quand l'un de ces humeurs s'isole et reste isolé, le lieu qu'il a abandonné est malade mais aussi celui où il se reverse[18].

[18] Hippocrate, *De la nature de l'homme*, cité dans Conci Giulio, cité, page 25.

Dans l'Italie médiévale et pour quelques siècles successifs, la médecine hippocratique constitue l'un des fondements de *l'ars parva*. Le corps humain est donc constitué de parties solides comme les os, mais est surtout structuré autour d'un système quaternaire régi par les quatre humeurs fondamentales. Le sang, qui est l'humeur suprême dotée d'un rôle nourricier, la pituite (flegme ou lymphe, produite par le cerveau, assouplissant des nerfs et des membranes et représentée par le liquide qui coule des narines), la bile jaune (suc digestif amère favorisant la coction) et la bile noire (ou atrabile, qui soutient les autres humeurs, mais dont la réelle existence, à la vue des connaissances anatomiques médiévales, est discutable).

Certains organes creux, comme la tête, la vessie, l'utérus, attirent, à la façon de ventouses, les humeurs du reste du corps, puis les laissent à nouveau s'échapper et parfois se fixer à des endroits où elles provoquent la maladie ; d'autres, spongieux, comme les seins ou les poumons, absorbent seulement les liquides qui passent à proximité ; d'autres encore, solides, ne reçoivent aucune humeur et ne jouent aucun rôle dans ce parcours[19].

Les quatre humeurs et les quatre éléments (feu, terre, eau et air), connectés entre eux, sont dotés de quatre qualités fondamentales : la chaleur, la froideur, l'humidité et la sécheresse. Outre les qualités primaires des humeurs, Hippocrate reconnaît des qualités secondaires : l'amère, le sucré, le salé, l'aigre. Les humeurs se déplacent par voie descendante, du haut du corps vers le bas, en investissant les organes, qui réagissent de manière différente en les absorbant, attirant ou rejetant.

Les humeurs sont de deux sortes : certaines ont été créées pour nourrir, comme le sang et leur abondance se nomme pléthore. Les autres ont

[19] Hippocrate, *L'art de la médecine*, Introduction de Jouanna Jacques et Magdelaine Caroline, Flammarion, Paris, 1999, page 24.

différentes utilités et leur abondance se nomme cacochymie, ou vulgairement viciosité[20].

La crase ou isonomie est l'équilibre essentiel entre toutes les humeurs du corps en relation à l'environnement qui les entoure. Seul cet équilibre garantit la santé (la *crase*). Lorsqu'une humeur est en excès (pléthore) ou en défaut (vacuité), ou même isolée des autres humeurs (en quittant son lieu naturel pour en investir un autre « pathologique »), l'isonomie se brise et la maladie se déclare dans tous les lieux concernés (la *dyscrasie*). La maladie naît, croît, se développe comme un être vivant. Le summum de la maladie est l'*akmé* ou le paroxysme (*paroxysmos*), le point culminant. Une phase particulièrement importante est la crise, *krisis*, ou moment décisif, qui peut marquer aussi bien l'exacerbation que le déclin du mal, son déplacement ou sa transformation en une autre maladie. En ce cas, on parle de dépôt (*apostasis*) lorsque les humeurs peccantes à l'origine du mal se déplacent, ou de *metastatis* quand la maladie change de nature. La solution (*lysis*) du mal est marquée par l'évacuation complète des humeurs nocives, ce qui ne peut survenir qu'après leur coction (*pepsis*) par le corps : tant qu'elles sont crues, elles gardent leur pouvoir nocif[21].

Si certains hommes souffrent de certaines maladies, cela vient de l'humeur qui surabonde en eux. Car si l'homme était resté dans le paradis, il n'aurait pas en son corps ces humeurs d'où naissent des nombreux maux mais sa chair serait intacte et sans meurtrissure[22].

L'un des chemins pour la guérison est alors le processus naturel de la *coction*, qui se réalise tant par expulsion de l'humeur coupable (hémorragies, vomissements), que par un dépôt qui se

---

[20] Augenio Orazio, cité, page 139

[21] Jouanna Jacques, Magdelaine Caroline, cité, page 28.

[22] De Bingen Hildegarde, *Causae et curae, Sive liber compositae medicinae*, Bernin, Million, 2007, page 19.

forme dans une partie du corps (comme l'herpès ou le bubon pesteux). Chaque humeur est rattachée à l'organe responsable de sa fabrication et des concordances fixes entre éléments, saisons, qualités et humeurs sont établies : le tempérament est créé par l'humeur prépondérante dans l'organisme.

Le cholérique est nature de feu, chault et sec, maigre et gresle, hastif et mouvant, subtil et malicieux. Le sanguin a nature d'air, plantureux, amiable, riant et charnu. Le flegmatique a nature d'eau, froit et moyte, triste, pensif, paresseux, pesant, endormi, gras au visage. Le mélancholique a nature de terre, sec et froit, convoiteux, eschar, suspitionneux, maldisant[23].

Selon les concordances relatées dans le tableau suivant, la *dyscrasie* peut également être liée à l'âge, aux saisons et au tempérament : une maladie caractérisée par un excès de flegme se manifeste prioritairement en hiver et préférablement chez un sujet flegmatique d'âge avancé. La mélancolie se manifeste en automne, à l'âge adulte, en touchant la rate.

Tempérament	Sanguin	Colérique	Mélancholique	Flegmatique
Élément	Air	Feu	Terre	Eau
Saison	Printemps	Été	Automne	Hiver
Propriété	Humide	Chaud	Sec	Froid
Humeur	Sang	Bile Jaune	Bile Noire	Flegme
Organe	Cœur	Foie	Rate	Encéphale
Pathologie	Excès de sang	Excès de bile jaune	Excès de bile noire	Excès de flegme
Couleur	Rouge	Jaune	Noir	Blanc
Péché	Luxure	Colère	Paresse	Avarice ou gourmandise
Animal dominant dans l'ivresse	Lion	Singe	Mouton	Porc

[23] Laignel-Lavastine, *Histoire générale de la médecine, de la pharmacie, de l'art dentaire et de l'art vétérinaire*, Paris, Albin Michel, 1938, p. 101.

Les individus sanguins, tendant à l'embonpoint, sont gais, gourmands, aiment le vin. D'un teint rougeâtre, leur pouls est rapide, sont migraineux, souffrent de douleurs de ventre et de langue aride. Les colériques nécessitent une perpétuelle valorisation, sont impétueux et orgueilleux. Ils vomissent fréquemment, leur ventre est dur, leur pouls est chaud et leur langue âpre. Les mélancoliques (ou hypocondriaques) aiment étudier en solitude, craintifs, avares et tristes, au teint terreux. Les flegmatiques sont petits et gras, oisifs, lents, somnolents, au teint blanc. Ils souffrent de douleurs à la nuque et à l'estomac, leur pouls est lent.

L'homme de nature sanguine volontiers plaisante et badine. Gros et charnu suffisamment, il est curieux de nouvelles. Toujours passionné pour le vin et pour les belles, il brille en compagnie et, par son enjouement, d'une table il fait l'agrément. A quelque étude qu'il s'applique, on est surpris de ses progrès. Il ne se fâche point pour des petits sujets et malaisément on le pique. Il est bon, libéral, hardi, point querelleur, amant vif, ami franc, voluptueux convive, prêt à rire, à chanter, toujours de bonne humeur. En lui d'un teint vermeil la couleur saine et vive, d'un naturel sanguin dénote la vigueur. L'homme en qui la bile (jaune)*préside, est vif, ardent, impétueux, entreprenant, présomptueux et de préférence avide. Il apprend fort légèrement, mange beaucoup, croit promptement. Courageux, libéral, enclin à la colère, il est hardi, malin, trompeur. De son esprit tel est le caractère. Son corps est grêle et sec, sujet à la maigreur et son teint de la bile emprunte la couleur. Cette humeur* (bile noire) *ordinairement fait les hommes pervers, sombres, prompts à mal faire. Taciturnes, sournois, fermes dans leurs propos, des tristes passions leur ôtent le repos. Chagrins, jaloux, de tout avides ; ce qu'ils ont, ils le tiennent bien. Soupçonneux, il ne faut qu'un rien pour alarmer leurs cœurs timides ; ils ont l'esprit rusé, trompeurs. De ce tempérament le jaune est la couleur. Le tempérament flegmatique rend l'homme court et gros, d'une force modique, grand ami de l'oisiveté. Ne croyez pas qu'à l'étude il s'applique : ne rien faire et dormir fait sa félicité. Il a le sens bouché, sa démarche est très lente, le travail lui déplait, l'oisiveté l'enchante ; il abonde en pituite et crache fréquemment. Toujours dans l'engourdissement, chez lui l'esprit, le cœur, ne sont d'aucun usage. La graisse qui relui sur son large visage indique son tempérament* (École de Salerne).

Pour Plutarque (46-125)[24], l'imperfection des comportements et le manque d'hygiène sont responsables de l'émergence de l'état pathologique. Carences, excès, manque de sommeil, doivent être régularisés avant tout traitement. Le « régime de vie », depuis l'antiquité, est donc fondé sur la notion de diététique, qui n'est pas uniquement alimentaire, car elle englobe des comportements et des habitudes de vie établis en fonction du malade et de son tempérament. Le médecin doit d'abord comprendre son patient afin d'en déterminer la nourriture, les exercices physiques, le sommeil adaptés. Du coup, la sobriété, la tempérance, la « moderation habituelle » sont les préceptes fondateurs de la pensée de Plutarque, pour lequel aussi, en matière médicale, prévenir est toujours mieux que guérir. Selon le philosophe grec, l'organisme des êtres humains survit à travers l'assimilation de trois genres d'aliments : la nourriture, les boissons et l'air, le « souffle » (respiration, haleine, voix, l'air environnant inspiré). L'air est un élément de vie lorsqu'il est pur, mais est un véhicule de dyscrasie lorsqu'il est contaminé. La théorie des miasmes putrides et contaminants est l'une des théories essentielles pour expliquer la raison d'être de la peste et le fondement de la plupart des sentiers thérapeutiques et prophylactiques.

Les doctrines des philosophes de l'antiquité en matière médicale et les théories hippocratiques sur les humeurs seront reprises et amplifiées par Galien, médecin de Marc Aurèle, né à Pergame en l'an 129 de notre ère. Galien se situe au carrefour de la science

[24] Plutarque, *Comment rester en bonne santé*, Rivages poche, Paris, 2016.

médicale et a joui, par son oeuvre, d'une autorité incontestée pour plus de mille cinq cents ans.

La science moderne honore Galien comme l'une des plus belles figures de médecin de toute l'histoire qui, comme pathologiste, anatomiste, physiologue, clinicien, hygiéniste et thérapeute, nous a laissé des observations très aigues et des enseignements qui, aujourd'hui encore, contiennent des éléments de vérité éternelle[25].

Galien intègre et amplifie la théorie des humeurs et des éléments par un concept quantitatif : chaque qualité (chaud, froid, humide et sec) se décline en quatre puissances, ou degrés. Les qualités des humeurs forment les neuf tempéraments galéniques fondamentaux : chaud, froid, humide, sec, chaud-humide, chaud-sec, froid-humide, froid-sec et enfin le tempérament idéal, qui est tempéré. Les tempéraments et les simples sont dotés de nuances et d'une graduation spécifique pour chacune de leurs qualités (par exemple, sec au 1er degrés, chaud au 2e). Les ingrédients seront donc prescrits en adaptant leur graduation à la maladie : une affection provoquée par un excès de chaleur de niveau 2 sera traitée par l'administration d'un médicament froid de niveau 2. Galien évalue les degrés des simples en se fondant sur leurs caractères organoleptiques, empiriquement et instinctivement identifiés. Généralement les médicaments se divisent en trois groupes : les simples, qui agissent grâce à leurs vertus élémentaires et à leur différente graduation, les polypharmaques comme la thériaque, qui profitent de l'union des qualités de tous les simples qui les composent, ainsi que les remèdes ayant une unique action spécifique, comme les antidotes, les vomitifs, les purgatifs. Le « simple » est la matière première du « composé », qui est le produit élaboré. Mais le simple est aussi le médicament pour les classes modestes, qui ne peuvent pas se permettre les électuaires. Galien, excellent pharmacien, préparait tous les

---

[25] Conci Giulio, cité, page 28.

médicaments lui-même et relatait ses recettes dans ses écrits. Encore aujourd'hui, les préparations pharmaceutiques sont appelées galéniques. Bien que la médecine successive modifie et améliore le concept des qualités et des degrés, les notions galéniques demeurent, durant le Moyen Age et au moins jusqu'à Paracelse.

Le système parvient donc à l'époque médiévale parfaitement structuré dans ses lignes médicales et philosophiques autour des chiffres 7 et 4, qui régissent la cohérence entre le corps humain, son environnement (nature, phénomènes naturels, mais également l'air respiré, la nourriture, les boissons, l'activité physique, le travail, le climat), son tempérament et son âge.

Premierement, vous devés savoir que li phisitien dient qu'il sont iiij aege, si com adolescentia, juventus, senectus, senium. De le premiere dient qu'elle est caude et moiste et en cest aages croist li cors et dure jusques à xxv ans ou à xxx. Li seconde est caude et seche et dure li cors en se vigeur et en se force juskes à xl ans ou xlv. Le tierche est froide et seche et dure juskes lx ans. La quarte est froide et moiste, por habundance des froides humeurs qui habundent par defaute de caleur et dure jusques à le mort. Et en ces aages va tous jors li cors à nient[26].

La médecine et la maladie sont aussi indissociables de l'astrologie, car l'homme est accordé aux rythmes du cosmos et aux mouvements des planètes qui influencent ses *complexiones*. Toutes les facteurs qui régissent le monde obéissent aux formes célestes. Pour définir les moments les plus appropriés pour administrer un médicament, effectuer une saignée, collecter les simples médicamenteux, le médecin utilise l'*astrolabium planum*, un instrument qui lui permet de lier l'astrologie à la médecine.

---

[26] Aldebrandin de Sienne, *Le régime du corps*, Paris VIe, Librairie Ancienne Honoré Champion, 1911, page 79.

L'origine de la peste de Toulouse de l'année 1548 provient d'une grande conjonction de Saturne, Jupiter et Mars qui, dès l'an 1544, étaient dans le signe du Scorpion. A partir de cette date, la pestilence a erré ici et là. Présentement, cette influence a été rénovée par la terrible éclipse solaire du dernier jour de Novembre 1547 à la fin du Scorpion dans la huitième maison, qui est signe de grande mortalité par peste[27].

Le zodiaque est même dessiné dans le corps humain et les organes sont en harmonie avec les planètes : le Soleil avec le cœur, Jupiter avec le foie, Mars avec la bile, Venus avec les reins et les organes reproducteurs. Quant à la Lune, elle gouverne le cerveau et toute autre matière humide, comme le sang et le flux menstruel. Chaque membre du corps possède un homologue dans le ciel, ce qui correspond à la relation entre Homme et Dieu. Les *complexiones* sont influencées par les astres ; les simples et les minéraux qui constituent les pharmacopées puisent leurs bienfaits dans les constellations et les planètes.

Alcuns bergiers dient que l'homme est ung petit monde par soy pour les convenances et similitudes qu'il a au grant monde qui est aggregation des IX cielz quatre elemens et toutes choses qui y sont. Premierement l'homme a telle similitude au premier mobile qui est souverain ciel et principale partie du monde ; car ainsi comme en ce premier mobile est le zodiaque divisé en XII parties, lesquelles sont les XII signes, ainsi l'homme est divisé en XII parties qui sont données et regardées par les dits signes[28].

Le microcosme humain est donc étroitement lié au macrocosme universel. Brunetto Latini, dans son Trésor, établit un parallèle entre la Terre, avec ses grottes et ses cavernes et l'homme, avec ses veines et artères. L'organisme est régi par les sept *res naturales* : les éléments, les humeurs, la *complexio* (constitution

---

27 Argenterio Giacomo, *Porta Tecum, Rimedii più veri et approvati, tanto preservativi quanto curativi contro la Peste.* Diviso in tre trattati, Torino, per Aluiggi Pizzamiglio, 1598, page 13.
28 Laignel-Lavastine, cité, page 100.

physique individuelle), les membres du corps, les facultés (animale, spirituelle et naturelle), les opérations et les esprits, ainsi que par les six *res non naturales* (le sommeil et l'état de veille, l'exercice physique et le repos, la faim et la soif, l'alimentation et l'évacuation). L'âge, les saisons et les éléments s'entrecroisent.

Diex, ki par sa grant poissance, le monde establi, ki premierement fist le ciel, aprièst fist les IIII elemens, c'est la tiere, li ewe, li airs et li fus, toutes les autres coses de la lune en aval fussent faites par la vertu de ces IIII elemens, si com sont herbes, arbre, oisel et toutes autres biestes, poisons, et houmes. Et fist premierement toutes ces coses avant k'il fist oume à sa semblance. Cist IIII elemens se remuent tout jors et se corunpent, couvient que toutes les coses ki sont faites des IIII elemens corrunpent, ajovissent, envieillessent et se cangent, ne puent en estat demorer[29].

Aucune action médicale, chirurgicale ou thérapeutique n'est entreprise sans en avoir préalablement pesé le moment astrologiquement opportun : les recommandations contre la peste ne constituent pas une exception. L'état de maladie est imputé aux humeurs défaillantes, à la corruption du corps ou d'un organe, à des erreurs dans le régime alimentaire, à un excès ou un défaut dans l'usage des boissons, à un manque de modération, mais aussi à des causes universelles comme les mauvaises conjonctions astrologiques ou l'air insalubre. Les carences cognitives et techniques de la médecine médiévale sont inéluctables : au XIVe siècle, l'étude de l'anatomie en est à ses prémisses et la physiologie demeure obscure, la dissection des cadavres humains étant interdite. La description rudimentaire des organes, des tissus, des systèmes nerveux et sanguin et des muscles ne parvient pas au décryptage de leur fonction et utilité. *La tête semble avoir été créée en vue de l'encéphale et renfermer*

[29] Aldebrandin de Sienne, cité, page 4.

conséquemment tous les sens comme les serviteurs et les satellites d'un grand roi[30]. Cette ignorance conduit à des mécompréhensions du rôle des organes : le foie, identifié comme le siège des passions et des concupiscences, est le lieu de la production du sang qui est distribué par les veines, mais non par les artères, qui ne servent qu'à transporter de l'air. Le cœur est le lieu de la rencontre avec Dieu, carrefour des forces vitales et de la vie affective. La circulation sanguine est considérée uniquement dans sa fonction de nourriture aux organes ; le processus de la reproduction est ignoré, le système lymphatique est méconnu, le rôle des muscles et de la respiration est incompris, ainsi que, naturellement, les processus biochimiques engendrés par la nutrition. Le concept de « noblesse » ou de « vulgarité » des organes est fondé sur plusieurs critères. La position : plus l'organe est situé en haut du corps, plus il est digne. Le degré de la souffrance qu'il provoque est un autre élément : une affection aux yeux est plus douloureuse qu'aux mollets. Sa hiérarchie physiologique : l'organe est d'autant plus noble s'il en gouverne d'autres, comme un roi et ses sujets. Cette dernière comparaison est doublement constatée car regrettablement, plus un membre est auguste, plus il est délicat.

Les reins conseillent, le cœur examine, la langue coupe les mots, le larynx émet la voix, les poumons résorbent le liquide, le foie est le siège de la colère, la rate celui du rire, l'estomac un simple réservoir d'aliments, les intestins président les fonctions digestives[31].

Le concept quadripartite de l'être humain et du cosmos régit l'opposition entre santé et maladie, étant un pilier de la médecine médiévale ainsi que de la pharmacologie. Rétablir l'isonomie est l'étape nécessaire à la guérison, par l'apport de l'humeur

---

[30] Galien, *Œuvres médicales choisies 1*, De l'utilité des parties du corps humain, Livre VIII, Paris, Gallimard, 1994, page 165.
[31] Préceptes de la médecine juive. Laignel-Lavastine, cité, page 112.

déficitaire, par la réduction de sa pléthore ou par la capacité à contraindre une humeur voyageuse à sa place organique. Il est impératif que la médecine assiste la nature dans sa tâche de reconquête de l'état de santé (*natura medicatrix*) à travers des stades thérapeutiques précis : un régime opportun, le rétablissement de l'hygiène de vie et des rythmes naturels, la prise en charge des humeurs pathologiques, les interventions chirurgicales, la phlébotomie, la thérapie médicamenteuse.

Les traitements sont prescrits selon deux préceptes thérapeutiques distincts. *Similia similibus curantur* est l'idée de la guérison du mal par le mal, en exploitant des remèdes qui, chez un individu sain, pourraient induire des symptômes semblables à ceux provoqués par la maladie. Ce principe de similitude est utilisé tant dans la médecine homéopathique que dans l'ancien principe des « signatures », qui reconnait une analogie entre le simple utilisé et l'organe à soigner. Certaines plantes évoquent un détail du corps humain, ce qui leur confère des pouvoirs guérisseurs sur ce même organe : la *Pulmonaria Officinalis L.*, plante médicinale dont l'aspect est semblable à celui des poumons, est donc considérée comme thaumaturge des affections pulmonaires. A l'opposé, la méthode médicinale du *contraria contrariis curantur*, ou *opponenda*, est une doctrine par laquelle les contraires se guérissent par les contraires : un rhume sera soigné par la chaleur, un coup de soleil par le froid et l'humeur débordante doit être expulsée par des vomitifs, des laxatifs, de sudorifères, des diurétiques et par l'omniprésente saignée. C'est ainsi que les maladies causées par la réplétion sont guéries par la vacuité et vice versa. Celle qui proviennent de l'exercice sont soulagées par le repos ; celles qui sont causées par une trop grande inaction sont guéries, elles, par l'exercice. Le médecin doit s'opposer au caractère établi des maladies, des constitutions, des saisons et des âges[32].

Par ses dogmes et son système de pensée, la médecine de l'antiquité influence profondément la structure thérapeutique médiévale dans ses principes. Au Moyen Age, les dyscrasies demeurent des déséquilibres humoraux, considérés comme des punitions du corps pour avoir été malmené. A ce propos, au XIIIe siècle, Aldebrandin de Sienne, dans son « Régime du corps » explique le décès avant terme comme un « outrage » que le défunt a préalablement infligé à sa *complexion.*

Donques, puet on veir que cil qui murent devant le tierme naturel, c'est par l'outrage qu'ils font à lor nature et à lor complexion et cil qui vivent plus, si lor avient par boine complexion qu'ils ont et par boine garde qu'ils puent faire de phisique[33].

Les doctrines étiologiques sur la peste se nourrissent d'autres apports à partir du XVe siècle. Aux notions principales de corruption, de miasmes putrides contenus dans l'air, de conjonctions planétaires funestes, s'associe le concept de contagion interhumaine. Le médecin Jérôme Fracastoro, né à Vérone en 1485, qui est considéré comme le père de l'épidémiologie moderne par sa théorie du *contagio vivo*, définit la contagion comme *une infection qui passe entre une chose et l'autre et qui demeure identique tant chez le donneur que chez le receveur*[34]. En accord avec sa pensée, les agents qui causent la maladie (*seminaria*) et qui contiennent le poison, sont minuscules mais vivants. Ils s'évaporent d'un malade à un sain en le contaminant à travers le réchauffement du corps dû à la

[32] Hippocrate, *L'Art de la médecine*, Nature de l'homme, Paris, Flammarion, 1999, page 174.
[33] Aldebrandin de Sienne, cité, page 5.
[34] Fracastor Jérôme, *De contagione et contagiosos morbis et eorum curatione.* Libri Tres, Lugduni, Apud Guglielmum Gazeium, 1550.

fièvre, mais par leur pouvoir d'attaquer toute sorte d'objets, de vêtements, du linge ou même le bois, ils sont capables d'infecter aussi celui qui les touche. De plus, ces particules sont en mesure d'infecter l'air et ainsi de se transmettre par voie respiratoire. La corruption et la putrefaction, concepts si chers aux médecins de l'antiquité et du Moyen Age comme explication primaire des épidémies, chez Fracastor deviennent la *conditio sine qua non* à la création des particules contagieuses. Du coup, le cycle de Fracastor, doctrine d'une nouveauté absolue, est enclenché par la corruption de l'air, créatrice des *seminaria*, qui transportent la contagion vers des objets inanimés quotidiennement utilisés par l'être humain. En vertu de cette typologie spécifique de transmission, une vague de peste ayant une origine dans un espace donné, peut facilement infecter d'autres territoires. Par voie de conséquence, à partir de la fin du XVIe siècle, chaque vague épidémique conduit le corps médical à s'interroger : s'agit-il d'une manifestation primaire, due à la corruption de l'air, ou bien d'une contagion secondaire, à travers ces « germes » invisibles ?

Entre les venins et la contagion il y a une grande différence. Les poisons ne peuvent pas produire la putrefaction ni générer une contagion entre l'empoisonné et les autres[35].

Un autre médecin, contemporain de Fracastor, a aussi contribué au développement de nouvelles théories médicales, le suisse Paracelse[36]. Sa pensée est novatrice, il prône une médecine expérimentale contre l'enseignement purement scolastique ; son impact, qu'on analysera ultérieurement, est surtout remarquable dans le sens des nouveautés thérapeutiques. Il s'affranchit symboliquement de la prédominance de Galien et d'Avicenne en

[35] Idem, page 117.
[36] Philippus Theophrastus Aureolus Bombastes Von Hohenheim (1493-1541).

embrasant leurs œuvres dans l'amphithéâtre de l'université de Bâle en 1526.

Honorez la médecine à cause de la nécessité, car c'est le Très-Haut qui l'a créée. Toute médecine vient de Dieu et elle recevra les présents du roi. La science du médecin s'élèvera en honneur et il sera loué devant les grands[37].

[37] Bible, *Ancien Testament*, Siracide, 38, 1-2-3.

Physici, mechanici, speziali

Tous les
hommes secourent leur frère souffrant,
sauf ceux qui sont indignes d'être appelés « hommes »
Buddha

En Italie et en France, entre les premiers siècles après la chute de l'Empire Romain d'Occident et le début de la formation médicale universitaire au XIIIe siècle, la médecine est majoritairement exercée dans le cadre monastique. Les moines soignent les pèlerins, les mendiants, les indigents, les infirmes et les vieillards dans des structures d'accueil et de soin situées près des leurs abbayes ou monastères. Il s'agit d'hôpitaux religieux, où les moines pratiquent une charité hospitalière. En Italie, le monastère bénédictin de Monte Cassino, exemple de lieu d'étude, de prière et de soin, est fondé par Saint Benoit en 529 et sera détruit par les bombes alliées durant la Seconde guerre mondiale. Les progressives interdictions pontificales à la pratique de la médecine et à la manipulation du sang par les clercs, qui aboutissent à la laïcisation de la profession, favorisent l'essor des premiers hôpitaux laïques, qui prennent la relève entre le XIIIe et le XVe siècle, tant en France qu'en Italie : leur fonctionnement est en prévalence assuré par les donations et les contributions des particuliers. D'autres cadres hospitaliers, beaucoup plus spécifiques, étaient les ladreries et les lazarets, typiquement dédiés à la prise en charge de l'endémie lépreuse et des épidémies de peste. Dans toute cette organisation, la foi conserve une place prioritaire, tant dans les lieux d'accueil laïques que religieux. Les fonctions religieuses, les chapelles, les autels, les sacrements sont finalisés à résoudre le clivage entre péché et rédemption dans l'espoir de la guérison. Entre médecine monastique et laïque, une place importante est occupée par la médecine populaire, dirigée surtout à la prise en charge de la majorité de la population des villes et des campagnes médiévales.

L'art met en jeu trois facteurs : la maladie, le malade, le médecin. Le médecin est le serviteur de l'art. Il faut que le malade, aide du médecin, s'oppose à la maladie[38].

L'École de Salerne est une référence formatrice et conceptuelle absolue pour la médecine médiévale. Créée vraisemblablement autour du IXe ou du Xe siècle à Salerne, en Campanie, pour l'enseignement de la médecine, mais aussi de la philosophie, de la théologie et du droit, elle se positionne au carrefour des médecines grecque-byzantines, romaine, chrétienne, arabe et juive. La médecine arabe a été introduite en Occident grâce aux considérable corpus d'écrits médicaux du médecin persan Rhazès (865-925), mais également par Avicenne (980-1037) et son Canon, dont la première traduction latine est de 1150. Les ouvrages du médecin et penseur andalou de langue arabe Averroès (1126-1198), notamment le Colliget, qu'il a rédigé autour de 1194, sont partie intégrante de la scolastique. La tradition maure d'Italie méridionale a aussi favorisé les échanges et les influences de la médecine arabe au sein même de l'École de Salerne. Les écrits du médecin juif de Cordoue Moïse Maïmonide (1138-1204), dont la vie et l'œuvre sont étroitement liés au monde arabe[39], s'insèrent dans l'héritage juif, fondamentalement annexé aux enseignements de l'École de Salerne, grâce également aux rapports que la voisine République d'Amalfi entretient avec l'Orient. La légende dit que l'École de Médecine de Salerne fut fondée par quatre médecins : un Latin

---

[38] Hippocrate, *Aphorismes*, dans Galien, Bourgey Louis, Riese W., *Les gracieusetés à l'égard des maladies* (Commentaire de Galien sur Épidémies VI, section 4, division 7), Revue philosophique de la France et de l'étranger, T. 150, 1960, pp. 145-162.

[39] Maïmonide a rédigé un *Régime de santé* dédié au fils ainé du sultan Saladin.

(*Salernus*), un Grec (*Pontus*), un Arabe (*Abdela*) et un Juif (*Helinius*). Salerne étant une station balnéaire depuis l'antiquité, port de passage pour la Terre Sainte, ces médecins voyageurs posent leurs valises dans cette ancienne colonie romaine prospère, salubre, opulente et marchande et y fondent une école de médecine où les traditions médicales des quatre pionniers seraient transmises dans leurs propres langues maternelles. L'un des préceptes dominant de l'école salernitaine est l'attention à la symptomatologie, l'habilité du praticien résidant dans sa capacité à reconnaître la maladie à travers la détection des symptômes. La prise en charge du malade se fonde sur la diététique, la pharmacologie et l'hygiène de vie. Trois sont les étapes fondamentales de la visite médicale selon les préceptes de l'École de Salerne : l'anamnèse, lorsque le médecin rédige les précédents pathologiques du malade et ses données physiologiques, le diagnostic, par lequel il identifie précisément la maladie dont il souffre et enfin le pronostic, quand il essaie de déterminer l'issue de la maladie. En vertu de l'assimilation de préceptes médicaux cosmopolites, la renommée de l'école salernitaine lui attribue une visibilité internationale : sa notoriété est telle qu'elle compte dans ses rangs tant de médecins que de patients venant de l'étranger. Son collège professoral est composé par dix médecins et un doyen, un hôpital assure la formation et l'internat des étudiants, qui obtiennent leur diplôme au bout de cinq années d'études et d'un an d'« internat ». L'École de Salerne est à l'origine du très renommé *Flos Medicinae* ou *Regimen Sanitatis Salernitanum*, qui consacre une place prépondérante tant à la détection et à la gestion de l'air contaminé, qu'aux recommandations d'ordre nutritionnel. Rédigé en métrique, le *Flos Medicinae* s'enrichi progressivement pour parvenir à 3500 vers ; au XVIe siècle, il est traduit dans la plupart des langues européennes. Entre l'XIe et le XIIIe siècle, l'école est à l'apogée de sa célébrité et son héritage est immense et très moderne, grâce à la diffusion d'une vision internationale, multiculturelle et laïque de la médecine.

A partir du XIIIe siècle, tant en France qu'en Italie, les universités inaugurent les premières facultés de médecine. Paris, Naples, Bologne, Padoue, Pavie, Montpellier initient l'instruction médicale universitaire. La partie théorique des études, *cursus studiorum*, apprise à travers les textes du corpus scolastique auparavant mentionné (Hippocrate, Galien, le Canon d'Avicenne, les textes rédigés dans le cadre de l'École de Salerne) revient uniquement aux médecins, les *physici*.

Phisique est i science par lequele on counoist toutes les maladies du cors de l'hom et par lequele on garde la santé du cors et remue les maladies et poons dire que ceste science a II parties : l'une des parties est apelee theorike et l'autre pratike[40].

Le cursus universitaire, d'une durée moyenne de cinq ans, est suivi par un an de pratique. Le bon médecin doit connaitre tout changement concernant les humeurs, les selles, les fièvres, le sommeil, l'appétit, les rêves et doit aussi considérer la saison, le climat, les habitudes du malade, les astres. Encore une fois, le dépistage de la *complexio*, des qualités et du tempérament est primordial pour le *physico* médiéval.

Si, au toucher, il te paraitra chaud, avec une chair dure, des poils, un teint et des cheveux très noirs, s'il est plutot maigre, tu le classifieras dans la complexion cholérique, donc chaud et sec. Un autre qui te semble froid au toucher, glabre, maigre et dur de chair, d'un teint livide ou très blanc, tu peux le classer chez les mélancholiques, donc froid et sec. Celui qui a la chair molle, blanche et épaisse, qui a peu de poils et est bien gras, tout indique qu'il est de complexion flegmatique. L'homme qui, au toucher, paraît chaud et mous de chair et bien charnu mais sans trop de graisse et avec une remarquable quantité de poils,

---

[40] Aldebrandin de Sienne, cité, page 5.

d'un teint rouge mêlé toutefois avec de la blancheur, il est certainement de complexion sanguine[41].

Durant la visite, le praticien ausculte le pouls, vérifie les crachats, les selles, les vents, les yeux du malade, son appétit ; il draine, purge, induit le vomissement, prescrit la saignée, l'application de ventouses et de cataplasmes entrainant la suppuration, les potions et les médicaments assemblés par l'apothicaire. C'est le médecin qui dicte le régime alimentaire nécessaire pour reconquérir l'équilibre brisé par la maladie, extrêmement important pour les rédacteurs des *Consilia* et des *Regimen.* Il vérifie les *res naturales* et *non naturales*, analyse les conditions de vie et de travail, la couleur et la consistance de la langue.

Il viendra un temps que vous tomberez entre les mains des médecins et ils prieront eux-mêmes le Seigneur afin qu'Il les conduise, à cause de leur bonne vie, au soulagement et à la santé qu'ils veulent vous procurez. L'homme qui pèche aux yeux de Celui qui l'a créé tombera entre les mains du médecin[42].

C'est toujours le *physico* qui pratique l'uroscopie, fondée sur l'observation de la consistance de l'urine, sa couleur, son goût. L'urine, qui est considérée comme la purification du sang, donne l'opportunité au médecin d'établir un diagnostic plus précis. La qualité et le tempérament du malade sont considérés à l'origine de la couleur, de la substance et de la densité de son urine, qui permet donc de détecter la *complexion* du patient. La lecture de l'urine accorde au médecin, ou au chirurgien, mais également à l'apothicaire (la frontière entre les trois professions sur l'uroscopie est très mince) la capacité de vérifier l'état de santé, la maladie, la grossesse, le délai avant le décès. C'est un examen

---

[41] La Torre Francisco, *Consiglio utile e modo da conservare e curare il morbo pestilentioso*, Faenza, Zuan Maria di Simonetti da Cremona, XXIII Maggio 1528, page 9.
[42] Bible, *Siracide*, 38, 13-14-15.

prédictif, presque divinatoire. Durant une vague épidémique, le médecin, qui évite les visites à domicile, charge la famille du pestiféré de se procurer la *matula*, ou urinal, à disposition dans les pharmacies, afin de lui apporter les urines du malade. La *matula*, protégée pour son panier en osier, est souvent représentée dans l'iconographie médicale médiévale.

Notaires, confesseurs, parents, médecins qui doivent rester avec les pestiférés, avant de rentrer près des malades, doivent demander l'ouverture des fenêtres et des portes, afin de changer l'air des chambres. Les médecins doivent se laver les mains, les narines et la bouche avec du vinaigre et de l'eau de roses. Il serait sage de garder dans la bouche des clous de girofle. Il est aussi bien de manger deux tranches de pain imbibé de vin avant de les visiter. Il est judicieux de se baigner les poignées avec du vinaigre et de l'eau de rose. Une éponge mouillée de vinaigre doit être portée aux narines et tous les matins il faut consommer une noisette de thériaque avec du vin blanc[43].

Pendant les épidémies de peste, évidemment, les médecins privilégient l'assistance aux riches, notamment les praticiens qui, déjà avant la peste, ne servent qu'un seul et riche malade, auquel le *Consilium* ou le *Regimen* sont destinés. Fréquemment, le médecin privé est également astrologue et conseiller de son patient. Lorsque l'épidémie est à son acmé, le clivage entre les puissants et les démunis s'intensifie et la prise en charge des pestiférés indigents se borne à une hospitalisation dans les hospices ou les lazarets par des médecins « communaux », rémunérés par les municipalités, ou à des contrôles ponctuels de la part des barbiers. Durant les périodes épidémiques, les vives critiques aux praticiens sont formulées par les intellectuels, les nobles et les artisans, tant pour leur pusillanimité qui les conduit à la fugue, que pour leur incompétence en matière de peste et

[43] Ficino Marsilio, *Contro alla peste, Il consiglio di Messer Marsilio Ficino*, circa 1470, publié 1523, BNF, page 45.

encore pour leur vénalité ; en dépit de ces positions, la carence de docteurs est tragique dans toutes les villes européennes. A Venise, dès la peste noire, l'exode touche aussi la classe médicale. Le 5 juillet 1348 le Sénat[44] ordonne aux praticiens ayant abandonné la ville, de rentrer immédiatement, *tam fisice quam cirogie,* peine la suspension définitive de leur exercice, une importante amende, la perte de la citoyenneté et du salaire. Ce décret sera endurci en 1382 par le Grand Conseil[45]. Pour pallier à la carence de médecins, le Sénat recrute des médecins étrangers, en proposant un salaire bien plus élevé que la rémunération habituellement destinée aux praticiens vénitiens : le docteur Marco Leone, de Pérouse, est attiré à Venise en janvier 1349 par le remarquable émolument de 30 Lires. Cette carence de praticiens est surtout ressentie dans les lazarets vénitiens, décrits comme des lieux épouvantables, où les lits sont partagés par quatre patients, qui risquent ainsi d'être enterrés vivants dans les charniers.

Impossible de trouver un médecin. Et celui que l'on trouvait, il demandait un prix démesuré avant de rentrer dans la maison. Et lorsqu'il rentrait, il touchait le pouls du malade en tournant sa tête de l'autre côté[46].

Le figure du médecin n'est pas la seule profession d'ordre sanitaire impliquée dans la prise en charge des pestiférés. En Italie, les écarts professionnels entre les médecins, les chirurgiens et les barbiers sont fondées sur le clivage préparatoire entre les praticiens *« litterati »* donc dotés d'une formation universitaire d'au moins cinq ans et d'un an de pratique et *« illitterati »* issus d'un circuit d'apprentissage chez un maître. A l'achèvement de leur formation universitaire, les médecins

---

44 Senato, Deliberazioni Miste, 5 Juillet 1348, 80r, 719.

45 Novella, 180-187 t.

46 Baldassarre de Bonaiuti, *Cronaca fiorentina di Marchionne di Coppo Stefani*, 1348, Città di Castello, 1903.

physici et donc *litterati*, soignent les maladies « intérieures », qui touchent les organes internes ou le mécanisme de la respiration. Ils sont totalement décisionnaires sur le malade et les seuls habilités à prescrire les remèdes, les interventions chirurgicales et le régime de vie. Quant aux *mechanici*, les chirurgiens, ils traitent les maladies « extérieures » et visibles, comme des ulcères, la gale, les hémorroïdes, les plaies, la goutte et le bubon pesteux[47] : ils effectuent les opérations prescrites par le médecin, prenant ainsi en charge la partie pratique. Dans le cas précis de la peste, ce sont les chirurgiens et les barbiers qui, par leur art, ont plus de chances de voir leurs patients survivre. Baltazar Du Huval, maître barbier-chirurgien juré de la ville de Paris, avant de débuter son recueil, avertit le lecteur de son ignorance des langues savantes.

Maintenant, pour mon propos encommencez ne faict trouver mauvais à ceux qui liront ce petit recueil, si ie ne parle pas la langue latine grecque ni hebraicque, car ie ne puis donner ce que ie n'ay pas, mais de la langue Françoise[48].

Cette discrimination appartient totalement au Moyen Age, les médecins de l'antiquité pratiquant sans distinction les deux aspects professionnels. L'apparence extérieure est aussi soignée : le médecin revêt une tenue appropriée de couleur rouge ou sombre, porte un chapeau et un manteau. Les *mechanici* s'habillent comme les artisans des autres corporations. A Venise, par exemple, les chirurgiens ont l'interdiction formelle de remplacer un médecin dans ses devoirs, même pendant la contagion. Andrea de Padoue, chirurgien à Venise pendant la peste de 1348, est soumis à une lourde amende pour avoir soigné des pestiférés. Même si ses capacités le portent à la guérison de

---

[47] Voir Pouchelle M. C., *Corps et chirurgie à l'apogée du Moyen Age*, Paris, Flammarion, 1983.
[48] De Huval Baltazar, cité, 1583, page 8.

plus de 100 malades, les autorités déclarent que ces guérisons sont davantage dues au hasard qu'à ses compétences[49]. Le fils du Maître Chirurgien Giovanni da Bolli, Gabriele, « malgré son inexpérience de l'art », soigne les pestiférés à Venise pendant la peste noire. Mais il n'est que légèrement verbalisé, en considérant « *tempore quod tunc erat* »[50].

Pour se protéger de la peste, le chirurgien doit ordonner de laver le malade avec du rhamnus vinaigré, en particulier son visage et sa bouche et ensuite il pourra l'opérer comme à son habitude. Il doit se munir d'ail, de thériaque et de mithridate pour se défendre et après l'intervention, il doit se laver avec du vinaigre de rose[51].

Les barbiers effectuent des opérations de petite chirurgie, la phlébotomie, les clystères, les petites cautérisations, le pansement des plaies. Leur profession est estimée nécessaire à la population et généralement les horaires d'ouverture de leurs boutiques sont dilatés, afin de venir en aide aux habitants du quartier. Le 30 octobre 1348, les barbiers furent incités à s'installer à Venise pour remplacer les confrères décédés de peste. Celui qui exerçait *arte barbarie et faciendo stationem*, pouvait ouvrir boutique librement, en adhérant à la corporation des barbiers par le paiement de 5 ducats d'or[52]. Incontestablement, malgré l'excessive mortalité parmi les médecins, ce sont les chirurgiens et les barbiers qui paient quotidiennement un plus lourd tribut à la peste. Par leur propre vocation de soignants de plaies et à cause de leur contact avec le sang par la saignée, leur proximité avec les pestiférés est inévitable. Le chirurgien-barbier Baltazar Du Huval, de Paris,

---

49 31 décembre 1348, Grazie, XII, 31.
50 1348, 31 décembre, Grazie, XII, 31.
51 Squarcialupi Marcello, *Difesa contro la peste*, Milano, con privilegio, Appresso Francesco Moscheni, 1565, page 52.
52 Grazie, XII, 25, t.

semble exprimer ces craintes en s'adressant au corps des « maîtres ».

Voyla le danger des pauvres chirurgiens, la recompense desquels est le plus souvent la mort, desquels les maistres font si peu de compte. S'ils ont en horreur tels chirurgiens, pourquoy aucuns d'eux se ventent-ils avoir esté aux pestiferez, Si aucuns y sont esté, ça esté aux riches et non aux pauvres, comme chose qui leur est à contrecœur. Il n'y a plus beau chef-d'œuvre, me semble, que d'exposer sa propre vie au danger de la mort[53].

Évidemment, la frontière entre les médecins, les chirurgiens, les barbiers et les apothicaires n'a jamais été parfaitement étanche et précisément délimitée. Pire, des conflits les animent. Les lois en matière de corporations diffèrent entre les zones géographiques, en Europe Occidentale. Par exemple, à Florence, la corporation des médecins et apothicaires, qui avait été fondée en 1266, unissait les deux professions. Cependant, les statuts corporatifs changent selon la position géographique et la période. Fréderic II de Hohenstaufen, en Italie méridionale, reconnaît l'intérêt de la pharmacie comme profession dans ses *Constitutiones Melphitanae*, libellées en 1231 et sépare les deux métiers en distinguant nettement la figure du médecin de celle de l'apothicaire.

Muse, raconte-moi les débats solitaires Des Médecins de Londres et des apothicaires, contre le genre humain si longtemps réunis : Quel Dieu, pour nous sauver, les rendit ennemis ?[54]

Malgré cette avancée, au XIIIe siècle, en Italie, les activités pharmaceutiques sont encore soumises aux règlements des médecins et dans la plupart des villes, le compérage et

---

53 Du Huval, cité, 1583, page 19.

54 Voltaire, *Œuvres complètes*, Tome 38, Gotha, Chez Charles-Guillaume Ettinger, 1786, page 340.

l'association professionnelle et commerciale entre un médecin et un apothicaire est interdite. Le médecin est libre de cultiver des simples pour fabriquer ses propres médicaments, comme Maître Gualteri, à Venise, qui crée son propre jardin *pro herbis necessariis arti sue*[55], où les autres praticiens peuvent aussi se servir. Cependant, l'exemple de Galien, médecin pharmacien préparant les médicaments lui-même, se fane par degrés et les médecins italiens du Moyen Age renoncent progressivement à la préparation des remèdes, tout en conservant une sorte de tutelle sur les pharmaciens. Saladinus d'Ascoli, dans son *Compendium Aromatariorum*, écrit autour de 1430, avertit l'aromataire sur ses relations avec le médecin : aucune action ne sera entreprise sans le conseil du médecin, notamment pour les remèdes purgatifs. Un ingrédient manquant ne doit jamais être remplacé sans l'avis d'un praticien expérimenté.

Ainsi, dès le XIVe siècle, en Italie, le métier d'apothicaire, au préalable une profession purement commerciale, s'affine et se spécialise, en se séparant enfin de celui de médecin. La corporation pharmaceutique dont dépend la profession se crée une identité propre tout en demeurant très soumise aux instances religieuses de la ville. Cela permet le respect de la loyauté parmi les confrères tout en préservant leur soumission aux ordonnances et aux prescriptions du médecin. La corporation règlemente les tarifs, l'apprentissage et la maîtrise, titre attribué à la suite d'un examen complexe durant lequel l'aspirant maître pharmacien doit montrer ses compétences dans la préparation d'une spécialité magistrale hautement sophistiquée. Les corporations règlementent les ventes d'autres denrées comme la cire pour les chandelles, le papier, les clous et les livres, autorisent des activités comme l'organisation de pompes funèbres, l'embaument de cadavres et même la planification de noces.

[55] Istituto degli Esposti, Pergamene, Archivio Stato Venezia, appendice 2, documento 3, 1330, 31 agosto, MC.

Elles définissent les quantités minimales de médicaments simples et composés à garder dans les pharmacies, pour pallier aux difficultés d'approvisionnement[56]. Les compétences spécifiques de l'apothicaire l'amènent à la reconnaissance corporative de ses devoirs et de ses responsabilités face aux malades, ce qui conduit les arts à la création d'un code éthique.

La pharmacie est l'art de connaître toutes les espèces, les types et les formes des herbes médicinales à partir desquelles le pharmacien prépare les composés médicamenteux prescrits par le médecin[57].

L'apothicaire est donc le professionnel qui confectionne les médicaments magistraux, adaptés à la complexio et même au signe astrologique du malade. Cet art n'est pas qu'une technique, le professionnel des remèdes doit savoir cueillir les simples, les choisir, les travailler, les assembler, y ajouter les excipients, contrôler les délais d'expiration. Il est également appelé aromataire, ou « *speziale* » en italien, mot traduisible par « épicier », compte tenu de l'essence même du métier d'apothicaire, la vente d'épices et de drogues à but thérapeutique. Selon les recherches de Jean-Pierre Bénézet, le terme « apothicaire » remplace progressivement celui d'« épicier » à partir du XIVe siècle, pour le supplanter totalement au XVIe. Si l'aspect « droguerie » de son travail est plutôt lié à la cirerie, l'alimentation est également un axe de ses revenus (confiseries, épices). La perspective purement médicale, par la vente des remèdes, lui confère un grand pouvoir sur les malades et sur la santé publique, d'où découle la contrainte à être assermenté et continuellement surveillé. A Paris, déjà en 1352, le chef de la corporation des apothicaires, assisté par deux maîtres en

---

56 Pour un approfondissement sur l'histoire de la pharmacie, voir, entre autres, Cowen D. L., Helfand W. H., *La storia della farmacia*, Salerno, 1997, Momento Medico.

57 Al Biruni, *Pharmacologie et Materia Medica*, 1973.

médecine et deux autres pharmaciens, visite toutes les pharmacies de Paris deux fois par an. Durant ces inspections, les apothicaires sont soumis à un serment par lequel ils jurent de ne pas vendre des médicaments périmés, de ne pas substituer les remèdes frais par des caducs, de ne pas fausser les poids, de ne jamais préparer un médicament dangereux sans le conseil d'un médecin. La date de fabrication du médicament doit être apposée sur son vase dans l'intention d'en contrôler la péremption. Le serment d'éthique professionnelle des apothicaires italiens, juré « devant Dieu », est semblable à celui des médecins. En Italie, au Moyen Age, la pharmacie, avec la médecine, est un Art Majeur, comparé aux Arts Mineurs (comme l'hôtellerie, la cordonnerie, la taille de la pierre, la ferronnerie).

D'honorer, respecter et servir pas uniquement les médecins qui m'auront instruit dans les préceptes de la pharmacie, mais également les maîtres qui m'auront enseigné le métier (...). De ne pas délivrer aucun médicament ou purgatif aux malades sans avoir demandé conseil préalable à un docteur. De ne jamais toucher les parties honteuses et cachées des femmes, sauf dans un cas de grande nécessité, lorsqu'il sera nécessaire d'y appliquer quelques remedes (...). De ne jamais donner du poison ou d'en conseiller l'usage, même aux plus grands ennemis[58].

Le *speziale* italien et français du Moyen Age et de la Renaissance est un artisan secondé par de nombreux assistants, qui récoltent les herbes et les simples, les pilent et les pèsent, capturent les vipères. Il reconnaît les drogues, en apprécie les vertus et est en mesure de préparer tous les médicaments composés. Il s'instruit, se soumet à des examens, précise ses savoirs en termes de simples, de techniques, de qualités des médicaments. La première chaire italienne de botanique à l'usage de la pharmacologie fut instituée à Padoue en 1533 par la République

[58] Kernot Federico, *Storia della farmacia e dei farmacisti*, Napoli, 1871, page 28.

de Venise : à ses débuts, la botanique n'est finalement qu'une branche de la médecine, crée à son intention. Parallèlement, le XVIe siècle voit la création des premiers *hortus botanicus* universitaires destinés à la préparation des médicaments.

Les contributions d'Hippocrate dans la sphère pharmaceutique sont les fondements mêmes de la pharmacopée médiévale, qui bâtira les prescriptions anti-peste. Mais le génie médical de l'antiquité partage sa place avec le persan Avicenne, qui dans son Canon de la médecine traite amplement d'arguments pharmacologiques, fournit un antidotaire où il énumère environ 800 drogues. Avicenne introduit la dorure des pilules, largement répandue au Moyen Age pour en améliorer le goût (le médicament doit être agréable et sucré) et pour enrichir la puissance du médicament par l'or, le plus précieux minéral, réputé pour ses bienfaits dans de multiples affections. Dans le strict domaine pharmacologique, en revanche, Avicenne n'est égalé que par Galien : leurs enseignements influencent la pensée pharmacologique au-delà du Moyen Age. Durant ces mêmes siècles, à partir des expériences de l'antiquité, les techniques pharmacologiques médiévales méditerranéennes, autant que celles de transmission du savoir et d'apprentissage, s'affineront. Les arabes, les juifs et l'école de Salerne enrichissent la matière médicale par leurs propres expériences, en introduisant l'usage de nouveaux simples, comme la nux vomica, le cubèbe, la noix muscade, la cassia, l'assia foetida, le sang de dragon, les sirops et les juleps, préparés avec du miel. Le médecin de Cilicie Dioscoride, né au 1er siècle de notre ère, dans son œuvre en cinq tomes *De Materia Medica*, véritable bible des apothicaires, applique la botanique à la médecine et mobilise des simples provenant des trois règnes (environ 600 plantes et plusieurs dizaines de composants d'origine minérale et animale). Dioscoride transforme son ouvrage en un promptuaire pour faciliter les prescriptions médicales. De même, la *Naturalis*

Historia de Pline l'Ancien énumère environ 1000 plantes, avec leur propriété et leur usage thérapeutique. Dans l'évolution de l'art pharmaceutique, les contributions de Paracelse, au XVIe siècle, sont essentielles. Il théorise l'idée que le principe actif des médicaments simples et composés, la « quintessence », est l'élément guérisseur, l'*Arcanum*. Il préconise de minimiser l'usage de sirops et d'électuaires à profit d'extraits et teintures, plus adéquats à concentrer la quintessence du médicament. A travers la volonté paracelsienne d'extraction du principe actif, se développe l'art de la distillation.

Pour soigner les pestiférés et se préserver de la peste, certains trouvent très propice l'huile de vitriol, qu'ils préparent comme les alchimistes, par la distillation[59].

Il remet en discussion les doctrines liées aux quatre éléments. A leur place, Paracelse préconise les trois principes immatériels du corps humain : la combustibilité (associée au principe « soufre »), la fluidité et la volatilité (associées au principe « mercure ») ainsi que la stabilité et la solidité (associées au principe « sel »). Il rejette la doctrine humorale qui ne satisfait pas sa conception de la maladie comme anomalie de l'organisme et non de l'équilibre humoral. Ce dysfonctionnement est d'origine chimique et doit donc être traité chimiquement, par les thérapies pharmacologiques paracelsiennes : les teintures, les extraits et les essences. Paracelse, du reste, recommande la doctrine des signatures, ou homéopathique, où le semblable soigne le semblable. Il fait appel à l'alchimie pour la préparation de ses médicaments : arsénique, vitriole, fer, or, cuivre, cobalt, mercure, sont les bases fondamentales pour ses compositions magistrales. A travers l'iatrochimie, Paracelse ensemence une sorte d'incertitude dans les convictions immuables de la pharmacologie qui l'a précédé. Grâce à son œuvre et à sa pensée,

[59] Argenterio Giacomo, cité, 1598, page 19.

l'*apotheca* devient un vrai laboratoire, où le savoir de l'herboriste et du botaniste se mêle à celui du chimiste. Le XVIIe siècle est l'ère des querelles sur le mercure et l'antimoine. Ce dernier, source d'envoûtement pour les alchimistes, est utilisé par Paracelse à but thérapeutique. Cependant, ces dernières phases, caractérisées par les teintures, les extraits et la distillation ne représentent pas une véritable révolution car l'humorisme garde ses positions.

Bien que les derniers siècles du Moyen Age voient le fleurissement d'une littérature médicale et pharmacologique en vulgaire, les maîtres apothicaires, adéquatement formés, doivent maîtriser le latin pour comprendre les manuscrits. Ces recueils, préalablement copiés par les moines copistes, sont ensuite plus facilement diffusés par l'imprimerie. L'apothicaire consulte quotidiennement les formulaires, qui lui sont nécessaires pour sa formation et utiles pour ses tâches, mais aussi les livres de recettes et les herbiers. Ces derniers, littérature expérimentale et chère plutôt réservée à une clientèle de particuliers qu'à l'usage professionnel, permettent, à travers les représentations iconographiques des herbes et des simples, d'éviter les confusions sémantiques sur la même plante, qui est désormais dessinée et dont l'image remplace les diversifications linguistiques. De même, le professionnel parcourt les *antidotarii*, notamment l'*Antidotarium Nicolaii*, rédigé au XIIIe siècle, un formulaire contenant environ 150 formules. Il s'agit d'une pharmacopée rédigée par Nicola Salernitano Preposito, qui préside l'École de Salerne au XIIe siècle. D'autres manuels indispensables au travail pharmaceutique sont les pharmacopées, ouvrages compilés au départ par des médecins pour sauvegarder les formules et les recettes et pour permettre les contrôles réguliers du praticien sur les préparations de ses ordonnances. La différence principale entre le recueil de recettes ou le formulaire et la pharmacopée, est que cette dernière est rédigée par décret de loi du gouvernement territorial et est soumise à des contrôles ponctuels. C'est une sorte de tutelle de la santé publique, une standardisation et une garantie pour les malades. Les médicaments anti peste ne changeront pas à travers les siècles justement à cause des très faibles modifications apportées aux pharmacopées, tant pour les compositions que pour les posologies. Instrument très avantageux dans la pratique quotidienne de l'apothicaire, la pharmacopée énumère les préparations composées (galéniques et paracelsiennes), ainsi que les formules, les recettes et les simples (botaniques, minéraux et animaux). Le médecin juif du Caire Kohen-al-Attar, au XIIIe siècle, rédige une pharmacopée dans laquelle il recense les règles éthiques et comportementales du pharmacien, qui doit être honnête, croyant, propre, agréable. Le manuel du pharmacien, quant à lui, décrit les simples, les composés et contient un vocabulaire pharmaceutique. Le pharmacien ne se borne pas à la lecture de ces textes, mais, à l'instar des médecins, il se consacre aussi à l'écriture. Il rédige des *Compendium*, des livres de simples, des *antidotarii*, des livres de recettes et des trésors. Au XVe siècle, les écritures sur la pharmacie se multiplient, comme le *Thesaurus Aromatariorum* de Paulus Svardus, le *Lumen Apothecariorum* de Quiricus de Augustis, le *Compendium Aromatariorum* de Saladinus d'Asculo ou le *Novo Receptario composto dal famosissimo Chollegio degli eximi Doctori della Arte et Medicina della inclita cipta di Firenze*, imprimé à Florence en 1498 et considéré comme la première véritable pharmacopée en Italie. Les productions littéraires ici mentionnées sont le fruit des influences médicales qui les ont précédées, produites à leur tour par les commerces et les échanges. Il s'agit d'un échantillon sans aucune prétention d'exhaustivité.

Depuis toujours, le pharmacien subit le préjugé populaire qui l'estime comme un marchand. En effet, bien qu'il accomplisse de nombreux efforts pour s'élever, en apparence c'est un commerçant. Toutefois, l'exercice de cet art si noble requiert une vaste instruction scientifique qui ne peut que le différencier de tout autre artisan. Son client doit avoir une confiance absolue en sa capacité, car il vend des drogues et des médicaments et non pas des tissus ou d'autres marchandises. Du coup, l'opinion publique le définit comme un homme de science et pas de commerce. Et pour cette raison, le pharmacien doit se distinguer pour son sens moral et pour ses mœurs[60].

Au début du Moyen Age, l'apport des pharmacies conventuelles, par le biais des moines herboristes et de leurs jardins des simples, doit être vu dans une perspective empirique : les moines tissent leur tradition pharmacologique à partir du patrimoine des expériences et des traditions populaires. Ils distribuent des remèdes à des prix modestes, préparés avec les herbes médicamenteuses cultivées dans leurs jardins. Leurs pharmacies peuvent être ouvertes ou fermées au public et les hôpitaux dirigés par des ordres religieux se dotent d'une pharmacie gérée par les moines pharmaciens. Ces pharmacies monastiques ne sont pas soumises aux contrôles des autorités mais leurs préparations, aux appellations si suggestives (élixirs, baume du moine, larmes contre la peste, mélanges impériaux, eau du frère) se cristallisent dans des préparations qui deviennent officinales. Les contributions des pharmacies monastiques ainsi que des systèmes pharmaceutiques arabes et juifs définissent les lignes de la pharmacie médiévale. En 1438, Florence compte 100 pharmacies[61] : ce nombre demeure exemplaire de la vitalité de la vie pharmaceutique florentine, surtout parce qu'il dépasse le nombre de médecins inscrits à la corporation. Dans les diverses villes du bassin méditerranéen, tout au long du Moyen Age et jusqu'à l'époque contemporaine, des décrets limitent le nombre des pharmacies dans un territoire donné. Les officines doivent

---

[60] Kernot Federico, cité, page XI.
[61] Conci, cité, page 264.

demeurer propres, esthétiques et bien entretenues, prêtes aux inspections régulières des corporations, qui sauvegardent la confiance publique dans l'œuvre du pharmacien, dans sa capacité et sans son honnêteté. Les simples, les polypharmaques officinaux et les préparations magistrales doivent être bien exposés, protégés des éléments dans des pots décorés en céramique et toujours surveillés afin de remplacer les avariés. Au XVIIe siècle, la pharmacie contient les médicaments galéniques, les acides et les métaux de Paracelse, ainsi que les médicaments précieux, toujours conservés hors de la portée du public. Un laboratoire de préparation est annexé à la boutique. En dépit de l'existence d'épiciers itinérants, désargentés, qui amènent leurs lumières dans les bourgs les plus isolés, l'apothicaire est généralement un homme aisé. Quant à l'officine pharmaceutique, tant autrefois que de nos jours, elle perdure comme un centre essentiel et indispensable à la collectivité, prodiguant des soins individuels et assistant les malades dans leur quête de guérison.

Contra la peste : écrire pour préserver et soigner

Divinum est opus sedare malum
Hippocrate

Le laboratoire de recherche crée par l'avent de la peste dans les pays de l'Europe Occidentale inaugure une très abondante moisson de production écrite qui foisonne plus particulièrement durant et après toutes les vagues épidémiques de la période analysée, entre le XIVe et le XVIIe siècle. Comme évoqué, nombreuses sont les typologies d'écriture sur la peste, dont les résultats, manuscrits d'abord et imprimés ensuite, sont produits déjà à partir de la fin de la Peste Noire. Le caractère inédit de l'épidémie stimule en prévalence l'intérêt des médecins, bien que des lettrés issus d'autres professions, en contact avec la peste ou ses conséquences directes, produisent des ouvrages destinés à enseigner une méthode prophylactique et thérapeutique ou à diffuser des indications, des mémoires et des chroniques de la peste dans un territoire géographique spécifique. Des notables, des intellectuels, des hommes de loi, d'église ou d'armes, ainsi que des apothicaires, entreprennent ce devoir de transmissions et de conseil. Conséquemment, il existe toutes sortes d'ouvrages, entre le *Consilium* rédigé par un praticien totalement inconnu et qui, en dépit du manque de notoriété de son auteur, nous est fort heureusement parvenu, jusqu'aux *Regimina* ou aux *Tractati* émanant des facultés de médecine des universités européennes les plus renommées. Étant généralement des textes de type prescriptif, d'ordinaire produits sur commande, leurs objectifs sont variés : contribuer à conserver la santé en situation normale, se préserver de la peste, concourir à la guérison. En temps épidémique, ces textes sont traditionnellement conçus comme la réponse à une nécessité sociale (gérer la santé publique, préserver les plus démunis et circonscrire l'épidémie) ou purement sanitaire, par la protection des plus fortunés. Les *Regimina*, les *Consilia*, les *Tractati*, sont donc des typologies d'écriture médicale, mais également de droit et de théologie, très répandus au Moyen Age. D'autres textes exclusivement médicaux sont les *Tabulae*, les recueils privés du médecin, où il transcrit les données du patient, la maladie, les thérapies, le pronostic. Les *Casus Exempla* sont des compilations de cas cliniques, l'*Experimentum* est la description des symptômes d'une pathologie spécifique et de la thérapeutique mise en acte pour la soigner. La peste déclenche la déviation de leur trajectoire initiale vers une thématique monographique appliquée à la défense contre la maladie et à sa cure.

Ces ouvrages furent, par le biais de copies manuscrites, de traduction en langue vulgaire et d'éditions, assez largement diffusés, souvent auprès d'un public de non-spécialistes, aristocratie, bourgeoisie urbaine, membres du clergé, mais parfois aussi auprès de milieux plus modestes d'artisans ; ils représentent sans doute l'un des types d'ouvrages médicaux médiévaux les plus répandus[62].

Traditionnellement, dans tous les exemplaires d'écriture médicale sur la peste, mais également dans la plupart des *Régime de Santé* ou dans les *Tractati*, une dédicace précède le corps du travail. Il s'agit de quelques pages de longueur différente, consacrées aux éloges de la personne (patricien, noble, ecclésiastique, prince), qui a commandité le travail ou qui s'est chargée du règlement des frais de la publication. Parfois, cet hommage est dédié à une collectivité, comme les membres d'un

---

62 Nicoud Marylin, *Formes et enjeux d'une médicalisation médiévale : réflexions sur les cités italiennes* (XIIIe-XVe siècles), Geneses, 82, Médicalisation, mars 2011, pp. 7-30, (24 pages), Éditions Belin.

gouvernement, d'un collège medical ou universitaire. Lorsqu'adressé aux notables préposés à la santé publique, il se positionne comme une exhortation à agir selon les conseils et les recommandations prescrites. Cela peut prendre la forme de remerciements, de gratitude et même du désir que le travail accompli puisse être de quelques utilités à la population ou au financeur. Par conséquent, dans certains cas, en parallèle à la glorification du commanditaire, l'auteur célèbre son propre oeuvre et les bienfaits qu'elle peut apporter tant aux catégories privilégiées qu'aux pauvres. Les avertissements adressés à ces derniers ne sont spécifiés que lorsque le travail est dédié à une collectivité gouvernementale ou médicale. Occasionnellement, ce tribut flatteur est suivi par une introduction, parfois en rime, qui gratifie l'écrivain, généralement de la part d'un confrère ; quelquefois ces avant-propos sont tout simplement adressés au lecteur pour s'excuser des éventuelles erreurs, manques ou oublis. Les termes employés dans tous ces prologues sont invariablement élogieux et obséquieux ; on évoque la générosité, la bonté d'âme et la stature morale du destinataire et de l'auteur.

Les recueils axés sur la peste présentent généralement une structure très codifiée. Ils débutent par un chapitre réservé aux causes de la pestilence (l'air méphitique, les conjonctions astrales, les tremblements de terre et ainsi de suite). Ils poursuivent avec le volet sur les symptômes de la maladie, de longueur très aléatoire. Ensuite, la section consacrée à la diététique (comportements, hygiène de vie, gestion de l'air, nutrition) se dilate vers une partie purement thérapeutique, formée par des conseils pharmacologiques et chirurgicaux. L'œuvre est parfois partagée en deux sections spécifiques : l'une totalement réservée à la préservation des sains soumis au danger de la pestilence et l'autre plutôt consacrée à la cure et à la prise en charge des pestiférés confirmés. Lors de cette structure binaire, la partie thérapeutique ne varie qu'en fonction de la posologie : tant pour préserver que pour soigner, les simples et les polypharmaques recommandés sont les mêmes, mais les doses augmentent pour les malades, comparativement aux sains. En ligne générale, la partie préservative observe les sept *res non naturales* (air, alimentation et boisson, sommeil et veille, exercice et repos, rapports sexuels, évacuation ou remplissage des humeurs, « accidents de l'âme »).

Questa pestilenza s'avventava a sani non altramente che faccia il fuoco alle cose sechhe o unte quando molto vi sono avvicinate[63].

De suite, les principales typologies d'ouvrage sur la peste sont identifiées. Les variations thématiques et structurelles de chaque forme sont indiquées, bien que l'ossature d'un travail ne soit jamais entièrement imperméable aux influences des autres. Malgré ma volonté de résumer précisément l'architecture des styles d'écriture présentés et de les classifiés de manière rigoureuse, l'exercice demeure délicat et essentiellement voué à l'échec.

Le **Successo della Peste** et le **Progresso della peste** sont des descriptions des modalités présumées de contamination d'une région ou d'un territoire préalablement défini, son mode de transmission et sa progression. Les deux sont généralement rédigés par des acteurs issus des pouvoirs publics plutôt que du monde médical. Fréquemment, il s'agit de chroniques écrites *a posteriori* par des prêtres, des notaires, des marchands, afin de diffuser la connaissance du passé pour contrecarrer le retour épidémique du futur.

---

[63] Cette pestilence bondissait sur les sains comme le feu sur les choses sèches ou grasses lorsqu'elles sont très proches de lui. Giovanni Boccaccio, Decameron, Introduction.

La **Liberazione dalla peste** décrit les moyens employés par une ville ou une région délimitée pour se libérer de l'épidémie. Il peut s'agir de mesures mises en place par les pouvoirs publics (quarantaines, contrôles aux frontières, désinfection), mais aussi d'exercices spirituels préconisés par l'Église. Le récit est souvent chronologique et porte sur la description détaillée des étapes que, depuis le début de la contamination, mènent à la fin de l'épidémie. Ce sont des formes d'écriture plus tardives, qui se fondent sur une expérience de la peste plus approfondie. Encore une fois, il s'agit d'écrits éducatifs.

Une forme d'écriture bien plus rare, décelée par Samuel Kohn, ce sont les **Poèmes sur la peste**, qui décrivent les visions apocalyptiques liées à l'épidémie, à ses causes et à ses conséquences, comme la crise de mortalité, les cadavres, les funérailles.

Les **Secrets**, ou ***Libri Secretorum***, ou ***Secretum Secretorum*** sont également des opuscules de recettes « connues par peu de gens », de toute évidence rédigés par des savants mais destinés à un public plus vaste et moins fortuné, qui pouvait ainsi se soigner à travers ces recettes. Ces secrets, très pratiques, sont estimés comme plus tardifs, bien qu'ils puissent être manuscrits par le praticien ou l'apothicaire. Cependant, la plupart de ces écrits interviennent après l'invention de la presse et surtout à partir du XVIIe siècle. Ce sont des instructions et des conseils fondés sur l'usage de simples très faciles à repérer.

Il contient les plus grands thresors de la médecine et les plus excelents Preservatifs que cette Reyne des Sciences ait pû decouvrir contre les maladies contagieuses[64].

---

[64] Monnier I. L., *Le cabinet secret des grands préservatifs et spécifiques propres contre la peste*, Paris, chez Philippe d'Arbisse sur le Quay des Grandes Augustins, devant la Fontaine, 1666, page 15.

Quant à la littérature purement médicale sur la peste, elle fleurit en Italie et en Europe à partir de 1348. Le ***Tractatus de Peste*** affronte le problème épidémique dans tous ses aspects et est sans doute une approche complète de la pestilence. Parmi tant d'autres, le *Tractatus de la pestilentia*, écrit en 1398 par le médecin bolognais Pietro da Tossignano (1330-1407) et le *Paradigme du souffle pestilentiel* de Gentile da Foligno, portent à la fois sur la propagation de la pestilence, ses causes et ses signes précurseurs, ainsi que sur les thérapies préconisées. Il s'agit aussi d'ouvrages d'instructions, mais plus précisément consacrés à un public scientifique averti.

Le plus exhaustif des ouvrages sur la peste est le ***Compendium***, qu'intègre la définition de la maladie, ses causes, sa forme de contamination, mais recommande aussi un *modus vivendi,* des conseils d'hygiène et de comportement, pour conclure avec les prévisions sur la fin de l'épidémie. Le chapitre le plus accompli du *Compendium* est consacré aux conseils d'ordre diététique, ce qui l'apparente à un *Consilium* ou à un *Regimen.*

Le ***Regimen***, quant à lui, est un manuel de règles d'hygiène, diététique, thérapeutique et mode de vie qui peut être défini sous d'autres dénominations, comme *Regimen Sanitatis* ou *De Conservanda Sanitate* ou *De Conservanda Iuventute* : par exemple, le *Régime du corps* de Maître Aldebrandin de Sienne a été rédigé autour de 1258 au bénéfice des filles de la comtesse de Provence Béatrix de Savoie, jeunes reines.

Le ***Tacuinum sanitatis*, *Hortus sanitatis* ou *Theatrum sanitatis*** est un traité très répandu, en particulier durant les siècles XIVe et XVe. Ce sont des tables de santé, simples à consulter, établies dans le but de transmettre les règles élémentaires de conservation de la santé et d'hygiène en fonction des sept *res non naturales*. Généralement orné par des enluminures et richement illustré, le *Tacuinum sanitatis* est probablement la première forme de littérature médicale, issu de la médecine arabe. Le *Tacuinum* en arabe du médecin persan chrétien Ibn Butlan, mort en 1068, *Taqwin al-sihha*, fut traduit en latin vers la moitié du XIIIe siècle auprès de la cour de Manfred 1er Hohenstaufen, fils de Frédéric II et roi de Sicile.

La forme littéraire du ***De Preservatione*** se définit comme un ouvrage uniquement consacré à la prophylaxie contre la peste, en structurant des conseils dirigés vers les sains, pour se préserver et se défendre en période épidémique.

Il existe aussi la typologie d'écriture des **Risposta.** Il s'agit de réponses, de réactions ou de corrections qui nourrissent un contentieux préalable : échanges, pardons, révisions, précisions, objections et défenses suite à un ouvrage sur la peste auparavant publié et critiqué par des confrères.

Parmi tous ces exercices, les ouvrages les plus utiles à la compréhension des thérapeutiques médiévales contre la peste sont les ***Consilia contra Pestem.*** Il s'agit d'écritures précieuses pour une étude de la pensée scientifique médiévale car elles offrent de multiples informations sur la vision du corps, sur la médecine médiévale, sur la pharmacologie et sur les thérapies mises en œuvre pour se préserver et se soigner de la peste. En dehors du cadre stricte de la peste, les *Consilia* médicaux sont généralement issus de l'avis d'un médecin sur une question précise pour une finalité didactique ou pour un commanditaire particulier. Il s'agit d'un jugement fourni par un expert, rigoureusement *physicus* et non *mechanico* ou *empirico*, qui suggère une directive sanitaire à un malade ou bien à un confrère[65]. Ce genre littéraire-scientifique, d'abord confiné à la

[65] Crisciani Chiara et Agrimi Jole, *Les Consilia médicaux, Typologie des Sources du Moyen Age Occidental*, Fasc. 69, A-V. D. 3, Brepols, Turnhout, Belgium, 1994.

jurisprudence[66], devient médical lorsque vers la moitié du XIIIe siècle Taddeo degli Alderotti, médecin et professeur à Bologne, publie un recueil de cas cliniques incluant les symptômes des maladies, leurs programmes de soin, le régime, les médicaments et les interventions chirurgicales[67]. Ensuite, de nombreux auteurs abordent ce genre et l'Italie devient la terre de naissance et d'épanouissement de cette spécifique typologie d'écriture médicale. Un *consilium* médical est généralement partagé en deux parties principales : le *casus* (qui examine la situation existante, décrit la symptomatologie et trace le diagnostic) et le *regimen* (réparti en trois points distincts). D'ordinaire, le *regimen* suggère l'alimentation et l'hygiène de vie appropriées, notifie les interventions chirurgicales à effectuer et contient une importante partie consacrée aux *medicinalia*, qui expose les prescriptions thérapeutiques, en accord avec la saison, le tempérament, les phases lunaires et les astres. Cette répartition est flottante, car souvent les *consilia* ne comprennent que *regimen* et *medicinalia* ou même uniquement la partie thérapeutique. La langue de rédaction est prioritairement le latin, notamment pour les textes les plus anciens, mais le vulgaire italien est également utilisé : le destinataire, le contexte de sa production ainsi que le moment chronologique, déterminent le choix de la langue. A l'intérieur de la typologie littéraire des *Consilia*, les C*onsilia Contra Pestem* sont un genre en soi qui naît en Italie dès la Peste Noire. Leur structure est canonisée : une introduction, une définition de la peste, un *regimen*, des conseils d'hygiène de vie, les thérapies et les traitements des bubons ou des autres symptômes.

Toutes ces typologies d'écrits sont émises par des détenteurs du savoir afin d'instruire. Ce sont des conseils émanant d'autorités sur la question qui recommandent des comportements et des

[66] Baumgartner I., *Consilia in Spaten Mittelalter*, Sigmaringen, 1995.
[67] Alderotti Taddeo, *Consilia*, Bologna, ISUB, 1997.

actions d'ordre médical, alimentaire, thérapeutique, psychologique, religieux, moral, en prévalence issus de la doctrine humorale, qui demeure en vogue au moins jusqu'au XVIIIe siècle ; les théories sur les tempéraments et les *complexiones*, le lien entre l'homme et le cosmos et les concepts liés au *pneuma* sont les fondements de ces ouvrages.

Les textes sélectionnés exemplifient parfaitement la pérennité des conseils proposés en temps de peste durant ces trois siècles. Uniquement les recueils avantageux en vue de notre discours ont été mis en valeurs, du moins sur la base de leur disponibilité. Ce sont donc davantage les *Regimina*, les *De Preservatione* et les *Consilia* qui ont été examinés. Pareillement, dans les ouvrages choisis, certaines parties ont été délibérément négligées, comme le *casus*, la symptomatologie, les mesures.

Avant de débuter l'examen des thèmes traités, une brève présentation des ouvrages analysés est nécessaire, à la fois pour la compréhension de la chronologie des œuvres et des auteurs en relation aux épidémies de peste, que pour une identification géographique claire du contexte dans lequel le texte a été créé, où cela est possible. Cette description est fortement soumise au repérage d'informations liées à l'écrivain et au cadre de la rédaction du livre, ce qui reste très malaisé à déceler. Les mutilations dans les biographies exposées sont donc générées par ces obstacles. De même, les textes du XVIe siècle sont bien plus nombreux grâce à leur facilité de repérage. Et, enfin, l'Italie est bien mieux pourvue en textes médicaux sur la peste que la France.

L'échantillon des sources directes ici exploitées est vaste : il s'agit d'ouvrages italiens et français de date, finalité et structure similaires, rédigés entre 1348 et 1666, en latin et en vulgaire italien et français. Durant leur analyse, la comparaison diachronique avec un *Regimen* particulièrement complet (le

« Régime du corps » de Maître Aldebrandin de Sienne, rédigé en 1256) démontre comme la typologie médicale des *Consilia Contra Pestem* soit un exercice littéraire fondamentalement propre à son temps. D'autres documents ont été consultés ponctuellement. Il est question de recueils médicaux qui n'ont pas été rédigés dans le cadre strict de la peste, mais dont la valeur, surtout à titre comparatif, est indéniable. Le choix méthodologique a prioritairement porté sur une analyse thématique qui tienne compte des problématiques principales affrontées par tous les auteurs étudiés : les recommandations sur les comportements, les thérapies et l'alimentation préférables en temps de peste sont donc analysées thème par thème. Les auteurs sont classifiés par siècle. Malgré l'existence de quelques traités et ouvrages sur la peste avant 1348, leur nombre s'embrase après la peste noire. La quasi-totalité des textes ici choisis a été formulée durant ou immédiatement après une épidémie : les mêmes périodes conduisent aussi les compilateurs à assembler plusieurs textes plus anciens de divers auteurs afin de les rééditer. Giacomo Argenterio, par exemple, est un médecin de l'Université de Turin qui, en 1598, réuni trois traités dont l'un, de 1548, écrit lors de la peste de Toulouse.

XIVe siècle. Vagues épidémiques attestées : **1348, 1361, 1372, 1363, 1369, 1374, 1382, 1399**.

Gentile da Foligno : Naît autour du 1285, médecin et professeur à l'Université de Pérouse, élève de Pietro d'Abano, meurt de la peste en juin 1348 ; il rédige ses *Consilia* en 1348, dès l'arrivée de la Peste Noire, sur l'exemple des travaux de Taddeo Alderotti. Textes en latin.

1348 : Consilium Primum Magistri Gentilis de Pestilentia : *Consilium* adressé au Collège des Médecins de Gênes, suite à l'arrivée de la peste noire à Gênes. Après l'*incipit*, Gentile passe au *casus* en mentionnant le fléau comme « *multum verenda nec audita nec visa in libris* », et ensuite il passe directement à la thérapie, à l'hygiène de vie et au *regimen*. 35 lignes. 1348.

1348 : Consilium : ici le *casus* relate la course de l'épidémie sur la côte tyrrhénienne au départ de Gênes ainsi que les causes de la pestilence « *autem putredinis sive sit causa caelestis aspectus sive dispositio terrestris et acquarum* ». Ensuite il passe au *regimen*, aux interventions chirurgicales et aux *medicinalia*. 50 lignes. 1348.

1347 ? : Consilium Magistri Gentilis super Pestilentia : ce *Consilium* pourrait avoir été rédigé avant l'arrivée de l'épidémie en Italie. Dans le *casus*, il rend compte de la nécessité de ses conseils, il argumente sur les causes de la peste et passe à l'hygiène de vie, au *regimen* et aux *medicinalia*. Texte assez long, plus de 100 lignes.

Tommaso del Garbo : fils du médecin Dino del Garbo. Il enseigne aux facultés de Bologne et Pérouse. Fut élève de Gentile et meurt en 1370.

1348 ? : Consilium de modo vivendi tempore pestilentiae : titre en latin mais texte en vulgaire destiné à la protection de ceux qui sont en contact avec des pestiférés. Contient le *casus*, des recommandations d'ordre pratique, ainsi que des indications pharmacologiques.

Les trois *Consilia* de Gentile da Foligno, ceux de Tommaso del Garbo, Nicolo' de Burgo et Giovanni de Noto sont transcrits dans l'ouvrage de Karl Sudhoff, *Archiv fur Geschichte der Medezin*, IVe, 31, 32, 34, Leipzig, 1907-1928.

Giovanni de Dondi : (1318-1389), médecin à Padoue mais aussi fin horloger avec son père. Poète, philosophe, astronome, son œuvre mécanique la plus célèbre est la *Fabrica Horari Magistralis*, une horloge mécanique astronomique qui est au même temps un *planetarium*. Lecteur d'astronomie à Padoue entre 1352 et 1356, fut ensuite lecteur de logique. Il enseigne dans les universités de Florence et de Pavie.

<u>Modus Vivendi tempore pestilentiali</u> : Sans date. Texte rédigé en latin mais transcrit en vulgaire. L'*incipit* présente l'auteur, médecin du duc de Milan. Aucune description du *casus*, le *consilium* ne relate que les interventions chirurgicales et curatives, le *regimen* et les *medicinalia* en alternant des conseils d'hygiène et de diète alimentaire.

Le *consilium* de Giovanni de Dondi, ainsi que l'anonyme du XVe siècle à la suite, sont au cœur du manuscrit génois *Medicinalia Quam Plurima* (n°1400 et n°1317), recueil de textes d'un compilateur inconnu qui concernent, pour la plupart, des conseils d'ordre thérapeutique et sanitaire, réalisé entre la fin du XVe siècle et le début du XVIe en latin et vulgaire[68].

Nicolo' de Burgo : dans l'*explicit* de son travail il écrit : « *Scripta sunt haec per me Nicholum de Burgo, civem florentinum medicinae doctorem* » et en toute modestie il ajoute que « *licet immerito quae submittuo correctioni cuiusque alterius plura et meliora videntis* ». Pas d'informations biographiques à son sujet.

1382 : <u>Consilium illatum contra Pestilentiam</u> : Texte latin très long, 497 lignes, et très complet. *L'incipit* commence par une

[68] Voir Giuseppe Palmero, *Entre culture thérapeutique et culture matérielle : les domaines du savoir d'un anonyme génois de la fin du Moyen Age*, Lille, 1998.

salutation à Christ, « *qui solus sanat* ». Il n'y a pas de *casus*, uniquement la thérapie et les conseils.

Giovanni de Noto : médecin sicilien dont la biographie est méconnue, bien qu'il semble pratiquer à Bologne. Dans *l'explicit* de son *Consilium* il date son travail « *secundum Magistrum Johannem de Nochto de Sicilia, datum Bononiae octavo septembris* 1398 ».

1398 : Consilium Contra Pestem : Dans l'*incipit-casus* il parle de la vague de peste qui a commencé en septembre. Il s'adresse à «ses pères et seigneurs » qui semblent lui avoir commandité le travail. Il divise son *consilium* en six parties qui traitent des moyens de combattre et se préserver de la peste, ce qui engendre un ouvrage long et détaillé. 197 lignes. En latin.

XVe siècle. Vagues épidémiques attestées : 1400, 1438, 1449, 1478, 1483

Anonyme : *consilium* d'auteur inconnu, un peu plus tardif, écrit pour la peste de 1438.

1438 : Regimen Modus Vivendi contra Pestem et tempore Pestis et preservandi se ad pestem ad laudem eterni Iesu : Présentation du *regimen*, sa date et division du texte en deux parties, dont la première est le vrai *regimen*, alors que la deuxième est composée par les *medicinalia*. En latin. 196 lignes.

Marsilio Ficino : (1433-1499). Philosophe néoplatonicien toscan.

Circa 1470 : Contro alla peste. Il décrit la maladie, ses causes et les moyens pour s'en défendre.

XVIe siècle. Vagues épidémiques attestées : 1523, 1555, 1564, 1575, 1592, 1596, 1599

Francisco La Torre : médecin principal de l'université de Ravenne.

1528 : Consiglio utile e modo da conservare e curare il morbo pestilentioso. C'est un *regimen* dédié au proviseur à la santé de Ravenne.

Marcello Squarcialupi : médecin né en Toscane (1538-1592), personnalité très originale, rallié à la foi réformée et donc accusé d'hérésie, a vécu en Moravie, Transylvanie, Pologne. Admirateur de Marsile Ficin et médecin personnel du roi de Pologne Stéphane Báthory.

1565 : Difesa contro la peste. Dédicacé au capitaine Camillo Castiglione, sénateur milanais. Ouvrage situé à mi-chemin entre un traité et un *consilium* : dans les premiers chapitres il parle de l'homme, de son corps, de la peste et de ses causes, comme dans un Tractatus. Ensuite, il passe au *regimen*, ainsi qu'aux recettes et aux remèdes.

Nicolas Houel : (1520-1584) apothicaire à Paris.

1573 : Traité de peste, auquel est amplement discouru de l'origine, cause, signes, preservation et curation d'icelle. Traité complet sur l'argument, précédé par plusieurs sonnets en faveur de l'auteur. L'épitre est dédiée au Chevalier de Thou, Seigneur de Cely, *Conseiller du Roy en son privé conseil.*

Giovanni Battista da Napoli : aucune indication biographique, mais il est vraisemblable qu'il exerçait à Vérone.

1575 : Breve et utile trattato : e necessario a ciascuno per conservarsi sano nel tempo della peste. Dédicacé au Comte Francesco Nogaroli et aux députés à la santé de la ville de Vérone.

Angelico Vespasiano : pas de biographie. Il pourrait être vénète.

1577 : Consiglio per conservarsi sani in tempo di peste. Il énumère les épidémies de peste depuis l'antiquité, il conseille de faire pénitence et de prendre les *medicinalia* qu'il prescrit.

Orazio Augenio : (1527-1603). Médecin des Marches et professeur universitaire en médecine.

1577 : Del modo di preservarsi dalla peste libri tre. Trois tomes d'explications, descriptions, conseils et recommandations.

Julien Le Paulmier : (1520-1588) médecin français protestant, ami de Montaigne et détaché auprès du roi Charles IX.

1580 : Bref discours de la préservation et curation de la peste. Dédié à Monsieur du Fayer, Sieur de la Haye. Il est partagé entre : *casus*, conseils de préservation, régime et thérapeutique.

Ambroise Paré : (1510-1590), barbier chirurgien, chirurgien royal (à partir d'Henri II) et des armées.

1582 : Discours de la momie, des venins, de la licorne et de la peste. Il s'agit d'un texte médical qui réunit plusieurs arguments.

Baltazar Du Huval : c'est un maître barbier-chirurgien juré de la ville de Paris.

1583 : Discours et sommaire recueil de plusieurs personnes gueries de la maladie contagieuse appelée vulgairement peste. Il inventorie diverses informations : les signes de la peste future, la liste des barbiers et chirurgiens décédés en soignant les pestiferés, ainsi que le détail des patients qu'il a guéri pendant l'épidémie, avec leurs noms et les moyens qu'il s'est donnés pour aboutir à la guérison.

Francesco Alessandri : (1529-1587). Vraisemblablement il s'agit d'un médecin exerçant dans la région géographique du Piémont actuel.

1586 : Trattato della peste et febri pestilenti. C'est un traité très complet qui prend en compte les aspects de la peste dans la région de Turin et qui englobe une partie thérapeutique. Dédié à Thomaso Valperga, conte de Masino et gouverneur d'Asti.

Giacomo Argenterio : médecin sicilien.

1598 : Porta tecum. Rimedii più veri et approvati. Il s'agit d'une sorte de « Secret » et d'une compilation d'autres auteurs qui traitent la peste : traités, *regimina*, *De Preservatione*.

XVIIe siècle. Vagues épidémiques attestées :1629, 1656.

Collège des Maîtres Chirurgiens jurés de Paris : pas d'indications supplémentaires.

1606 : Traité de la peste nouvellement fait par le Collège des Maîtres Chirurgiens jurés de Paris. Traité très exhaustif en la matière : causes, signes, remèdes. Dédié à Monsieur Myron, Seigneur du Tremblay, conseiller du Roy.

André Le Gros : médecin et professeur à la faculté de médecine de Paris.

1625 : Régime de santé, souverain bien de l'homme en ceste vie, observant les preceptes de Hyppocrate et Galien, avec la manière de se préserver contre la peste. S'apparente à un *De Preservatione*. Dédié à ses confrères, membres du Collège des médecins de Paris.

I.L. Monnier : médecin de la princesse De Guise.

1666 : Le cabinet secret des grands préservatifs et spécifiques propres contre la peste. Il s'agit d'un « secret », où l'auteur recense les simples et les préservatifs les plus puissants contre la peste, avec leur vertu. Le texte est organisé comme une officine d'apothicaire. Les étages, les classifications, les pots et les vases caractérisent ce cabinet de pharmacie littéraire.

Tous les travaux considérés sont caractérisés par une remarquable homogénéité, tant dans les techniques rédactionnelles, que, et surtout, dans les contenus. La plupart des ouvrages contient un *casus-incipit,* tous abordent des indications concernant la thérapie pharmacologique et l'hygiène de vie. On y trouve souvent la raison (politique, professionnelle ou relationnelle) qui conduit l'auteur à produire ainsi de l'écrit. Le chemin thérapeutique des textes traités est donc divisé en diététique, pharmacie et chirurgie, sur l'exemple de l'enseignement des grands médecins de l'antiquité. Galien, Avicenne et Averroès sont les sources d'inspiration des recommandations prescrites, bien qu'en accord avec leurs textes, aucun d'entr'eux n'avait été témoin d'une crise de peste comme celle de 1348. Les indications sont en prévalence fondées sur la doctrine humorale et l'étroit lien entre la maladie, l'homme et son style de vie (son comportement, ses activités, sa manière de vivre, son logement, ses vêtements, sa nourriture) est instinctivement perçu par les praticiens en période de peste. L'interaction entre les sociétés humaines, les déplacements en temps de guerre comme en temps de paix, ainsi que l'action des hommes sur leur environnement, sont analysés en fonction de la contamination, de l'extension et de la croissance de la peste. L'expérience de la peste affine leur compétence et leur assurance. Leurs mots décèlent une estime de soi croissante, le nombre des guérisons par leur méthode semble se multiplier, leurs recettes sont décrites comme miraculeuses. A travers ces écritures, on décèle les raisons pour lesquelles une épizootie destinée à n'infecter que les rats, grâce à un terrain très fertile chez l'homme, se développe de manière exponentielle.

Dans ce travail, pour une volonté d'harmonisation, l'étude des textes sera effectuée en respectant la même manière d'analyse des auteurs anciens, qui est constamment thématique. Les *res non naturales* seront observées : la diététique (qui englobe le maniement de l'air contaminé, l'hygiène de vie et l'alimentation), la chirurgie et enfin les prescriptions pharmacologiques.

La pestilence, vapeur venimeuse créée dans l'air et ennemie de l'esprit vital[69]

D'un air pur et serein connoissez l'avantage ;
Il faut, s'il se peut, choisir votre séjour.
D'un égout, d'un marais craignez le voisinage ;
Logez loin des vapeurs qui règnent à l'entour[70].

Li vens qui est meus legierement et on le sent delitable en alenant et quand li solaus se lieve k'il escaufe legierement : c'est li boins airs et naturex. Li malvais airs est contraire à cestui, car il est melé de fumees ki se lievent des estans et des marès et des terres où croissent malvaises herbes venimeuses, malvais arbres venimel si com figuier, noier et autre arbre malvais ; et encore par fumees qui s'ellievent de cors mors et d'autres charognes. Et est malvais airs ki est repuns entre valees et dedens maisons ke li vens ne puet remuer et ki n'est nie delitable à alener, ains le sent gros et ne s'escaufe ne refroide legierement au lever ne au cousier del solel et ciertes, pau de coses sont ki metent l'oume si au desous comme malvais airs[71].

Les odeurs méphitiques de la ville médiévales sont indéniables. Les déchets humains et les excréments sont allègrement jetés par la fenêtre. La rue est un cloaque à ciel ouvert, le réceptacle des immondices et des ordures ménagères. Les latrines et les fossés d'aisance construites vers la fin du Moyen Age nécessitent une vidange et un entretien usuellement négligés, l'absence d'égouts et de canalisations est responsable de la pollution des quartiers par des restes biologiques comme les crachats, les déjections et l'urine.

---

69 Ficino Marsilio, cité, 1523, page 9.
70 *L'art de conserver sa santé*, Ecole de Salerne, EPT de Salerne, Rome, 1959, page 19.
71 Aldebrandin de Sienne, cité, page 12.

Le développement rapide des villes médiévales est causé par le processus d'urbanisation ayant lieu entre le haut et le bas Moyen Age. L'espace urbain étant convoité, l'habitat est petit, malsain, mal éclairé et bondé. La promiscuité générationnelle, ainsi que celle entre sains et malades, est la règle. Les routes se rétrécissent graduellement par les tentatives des propriétaires d'élargir leur espace privé.

Les familles cohabitent avec les animaux et leurs déjections ; les étables sont situées près des logements et les arrière-cours logent les cochons, les ânes, les chiens. Les charognes des animaux errants se décomposent dans les rues ; les crottins, les bouses et les crottes contribuent aux odeurs fétides qui caractérisent la ville médiévale. Les résidus et les lavures des artisans sont inéluctablement jetés dans les caniveaux : les ateliers des tanneurs (qui utilisent les peaux issues de carcasses d'animaux), les teintures et l'artisanat textile nécessitent de l'urine et des excréments pour fonctionner. De même, les bouchers et les autres métiers alimentaires répandent leurs résidus à même la rue et étalent leur marchandise à proximité des restes de la saignée des barbiers. Les activités humaines qui polluent les cours d'eau et l'élevage domestique des vers à soie contribuent aux paysages malodorants des cités médiévales européennes[72]. Les praticiens, dans leurs écrits, recommandent aux autorités d'organiser un ramassage quotidien des ordures, de récurer les cloaques et les égouts et d'enterrer les cadavres la nuit, afin d'esquiver les exhalations malignes à l'ouverture de la terre. Les mendiants et les saltimbanques doivent être conduits hors des murs de la ville. Les chiens et les chats sont systématiquement tués et enterrés dans des fosses profondes aspergées de chaux vive. Les

---

72 Pour approfondir cette thématique, je conseille l'article de Jean-Pierre Leguay, *La laideur de la rue polluée à la fin du Moyen Age*, dans « Le beau et le laid au Moyen Age », Presses Universitaires de Provence, Aix en Provence, 2000, page 301-317.

déménagements sont interdits en temps de peste afin d'éviter la propagation du mal. Toutefois, les bans et les ordonnances des municipalités sont rapidement enfreints. Les législations demeurent lettre morte.

Que ceux qui en ont la charge purgent très souvent les routes, les conduits, les fosses et les ordures de la ville en les gardant propres de toute immondice et saleté. Que cette même diligence soit appliquée au nettoyage des canaux et des cours d'eau, qu'il faut ouvrir pour éviter la formation de vapeurs putrides dus à la boue et aux souillures qui se forment à l'intérieur et qui corrompent l'air [73].

A Venise, en 1502, un édit punit les commerçants qui abandonnent leurs poubelles dans la rue (*li detti schovaze, se immarcissero e vien a putrefarsi in modo che render puze e fetori intollerabili : che oltre agli altri inconvenienti produsser chativi aeri li qual procede diverse infettioni*[74]). En 1532, un ban concerne la nourriture potentiellement avariée et nauséabonde vendue par les commerçants, qui est accusée d'empoisonner l'air.

Dans cette ville de Venise ne doit se vendre aucun aliment qui ne soit pas bon et ceci afin de préserver le peuple sain et indemne. Jamais des choses mauvaises et pourries ne soient vendues par la fraude et la ruse, au grand péril de contaminer par la maladie pesteuse ceux qui en mangeraient. Et parmi les autres choses les fromages pourris, corrompus, puants. Les fromagers, tant de San Marco que de Rialto, ne sont pas autorisés, sous aucun pretexte ni justification, à garder les

---

[73] Nicolo Massa, *Ragionamento sopra le infermità che vengono dall'aere pestilentiale del presente anno 1555*, Venetia, Insegna della Stella, 1556.

[74]« Les ordures qui pourrissent et se putréfient en dégageant des odeurs intolérables. Outre aux autres inconvénients, elles produisent le mauvais air qui est la cause de diverses infections ». ASV, Provveditori alla Sanità, Capitolare 1, c. 26v., 30 giugno 1502.

fromages précités sur les étalages de leurs boutiques, mais uniquement de bons fromages, tant doux que salés[75].

Toutes ces nuisances sont à l'origine de la plupart des pathologies médiévales, qui sont aussitôt épidémiques à cause du contexte général d'insalubrité. Les fièvres typhoïdes et les affections intestinales se propagent hâtivement. Par voie de conséquence, cet environnement citadin nuisible d'une part accentue la gravité de la peste urbaine, comparativement aux épisodes ruraux, mais d'autre part conduit les savants médiévaux à corréler directement les miasmes avec la peste. Dans ces conditions, même si la contagion se diffuse auprès de tous les rangs sociaux, naturellement elle est davantage associée à un habitat malsain et à ses résidents. Les demeures des couches les plus prospères de la population sont manifestement moins ouvertes à l'installations des colonies murines, car plus soignées et écartées des immondices.

Ki garder se veut de pestilences, c'est-à-dire des maladies qui viennent par corruption d'air, si com sont fievres, apostumes, vairoles et austres maladies qui font les gens soudainement mourir. Doit cascuns savoir que pestilences advient par le cangement de l'air de sa complexion, ou par la corruption de sa sustance, si com les fumees pourries ou envenimees qui viennent de la terre où il aura charoignes d'oumes ou de bestes [76].

En ligne générale, la structure de la médecine médiévale tient compte du milieu spécifique entourant le patient pour établir un diagnostic sérieux, un pronostic valide ainsi qu'un plan thérapeutique opportun. La parfaite connaissance du territoire géographique, de ses vents, de l'ensoleillement, du climat et de l'eau est indispensable aux praticiens face à une maladie, qu'elle soit inconnue ou ordinaire : l'être humain étant un produit de son

[75] ASV, Provveditori alla Sanità, Capitolare 1, c. 39, 5 maggio 1532.
[76] Aldebrandin de Sienne, cité, page 59.

environnement, l'état pathologique est donc étroitement lié au lieu de vie. De même, les traditions culturelles, l'alimentation, les caractéristiques saisonnières, les habitudes individuelles, définissent tant la pathocénose régionale que le destin pathologique individuel. Dans le cas particulier de la peste, la doctrine miasmatique l'emporte incontestablement sur les autres critères qu'habituellement définissent le cycle homme-environnement-maladie. *L'air ne doit pas contenir de vapeurs ni des fumées anormales. Il doit être ouvert sur le ciel et non confiné, à moins que l'air extérieur soit malsain*, selon les propres mots d'Avicenne.

L'homme ne peut pas vivre sans air et la peste ne peut pas le tuer sans l'air, si bien que toute peste est une corruption d'air. Nous recevons l'air par la bouche, par les narines et par les pores ; la peste ne peut entrer en nous que par les mesmes canaux[77].

La qualité de l'air peut aussi se dénaturer par le ciel, par les étoiles et les comètes, dont les mouvements provoquent des altérations de son essence. L'air corrompu porteur de peste est annoncé par des bruits terrifiants du ciel, des sons de trompette, du vacarme de guerre. Par une pluie de sang, de cendre, de cailloux. Par des gémissements lugubres, par des ombres effrayantes et des feux légers comme des bougies. Lorsque le pain chaud, à peine sorti du four et placé sur un pique, se putréfie à l'air et si les chiens et les poules refusent de le manger ou, pire, ils meurent en le mangeant : ceux-ci sont les signes de la peste à venir.

La peste est donc considérée comme une putréfaction interne due à l'air contaminé qui, une fois inhalé ou absorbé par les pores de la peau, infecte les humeurs. Ces dernières, notamment le sang, transportent la putréfaction vers le cœur et les autres organes en

---

[77] Gabriel Clement, cité, 1626, page 7.

rendant la maladie létale. Remédier à l'air contaminé, au niveau collectif et individuel, est donc la principale mesure à appliquer durant l'épidémie.

Le malade corromp l'air environnante par les exhalations venimeuses de sa propre respiration : l'isolement du riche et l'enfermement du pauvre sont les premières mesures prophylactiques pour préserver le reste de la population. Dès la Peste Noire, les médecins et les pouvoirs administratifs préconisent une prise en charge fondée sur l'enfermement des malades et de leur famille et sur les restrictions de la mobilité de la population. L'éloignement du consortium social parvient à la construction de lazarets séparés pour les pestiférés et pour les suspects ; les marginaux vecteurs de contamination sont contraints à l'enfermement immédiat. Les lazarets sont donc des espaces pour la prévention, la prise en charge, la quarantaine et les thérapies.

Même lorsque les théories de Fracastor sur la contagion s'affrontent avec les doctrines miasmatiques, ces dernières demeurent très concernées sur la transmission de la peste, tant dans la perception savante que populaire : l'air respiré, néfaste et contaminant, contient une émanation pathogène nuisible. Cette hypothèse guide les thérapies et les recommandations des auteurs, qui suggèrent des précautions contre la toxicité aérienne : « inspirer le moins d'air possible », déserter l'air pollué en fuyant les endroits infestés par la maladie, se protéger en inhalant des bonnes odeurs, en nettoyant son environnement.

Et d'autant que ceste année 1625 a esté fort dereglée et disposée à la génération de la maladie contagieuse par son humidité continue et chaleur extraordinaire, d'où procède la putrefaction et la corruption de l'air[78].

Un climat très humide, des inondations, des saisons particulièrement pluvieuses, des vents chauds peuvent créer l'air peccant qui, dans sa dernière étape, atteint le cœur. *Vous deves savoir que ces pestilences avienent plus en sietembre, quant li vens enporte sovent par l'air la clarté des estoiles et ke li vent venteront assés.* Les recommandations insistent sur la protection durant les périodes estivale et automnale, qui semblent plus propices à la propagation épidémique.

Pour quelle raison la pestilence advient plutot durant le temps estival et en automne qu'en hiver, alors que l'air est plus sec et chaud et donc devrait préserver de la putréfaction ? Ma réponse est la suivante : l'air est plus fin pour la chaleur et donc plus apte à recevoir des vapeurs et des fumées qui peuvent causer la putréfaction. De plus, la chaleur multiplie les vents qui transportent les vapeurs mauvaises depuis des lieux nuisibles. Les corps, d'ailleurs, sont remplis de superfluités à cause de la chaleur et leurs vertus naturelles sont débilitées. Pour conclure, on mange plus des fruits qui se corrompent facilement et qui prédisposent le corps à la putréfaction[79].

Les odeurs peuvent être porteuses de maladie, comme dans le cas de la peste, mais également de santé, par les parfums et les fumigations conseillés. Une pléthore d'avis est donc disponible, sur les moyens pour cacher les odeurs, pour purger les maisons, pour parfumer les lieux infectés et pour se protéger de l'inhalation de l'air contaminé. Le frère Giovan Battista Napoletano, qui soigne les pestiférés à Naples durant la tragique

---

[78] Le Gros André, *Régime de santé souverain bien de l'homme en ceste vie, observant les preceptes de Hyppocrate et de Galien, avec la manière de se préserver contre la peste*, Paris, Imprimerie de Pierre le Mur, 1625, page 11.
[79]Pietro de Tossignano, *Consiglio per la peste*, dans Ketham Johannes Von, Fasciculo de Medicina, vulgarisé par Sebastiano Manilio, Venexia, 1493, chez Zuane et Gregorio de Gregorii, page 65.

épidémie de 1576, suggère naïvement d'ôter immédiatement du sol les écorces des noix et les figues, qui, en dégradant la terre, pourrissent l'air. Il interdit l'ouverture des cavernes et des sépultures anciennes durant les périodes de peste, pour se préserver des vapeurs méphitiques. La même intention guide son incitation aux pouvoirs administratifs à éloigner les décharges à l'extérieur des villes. Les églises et les palais doivent rester fermés : la respiration de l'auditoire se rassemblant dans un espace confiné corromp l'air environnant.

Lorsqu'on doit purger une maison, d'abord nous allumerons une torche pour rectifier l'air. Des feux seront embrasés dans toutes les chambres et on lavera les sols, les murs, les portes, les fenêtres et les plafonds par l'eau, le vinaigre, le rhamnus et le sel. On brulera les cochons, les chiens, les chats et les chevaux, car la pestilence demeure très souvent dans ces bêtes. On jettera du vinaigre, de l'alun, du sel et du jus de citron dans les puits et les citernes. Les vêtements doivent être purgés avec de l'eau chaude et du savon[80].

Les directives de Tommaso del Garbo touchent aussi les habits, qui doivent être souvent changés. Les sols et les murs doivent être lavés par de l'eau de roses et de myrte, du vinaigre et du sel, les poubelles vidées.

Et en yver on doit faire fumees en la chambre des riches hommes de ligno aloes, d'ambre, de musc, de costo, de storace calamita, de olebano, d'encens, de maioraine, de mastic, de fistus, de thamarisco. On puet aussi assés couvenablement faire fumes d'encens et de genoivre. On dit qu'ase fetide mise en feu empesche la corruption du mauvais air. Les troscis qui doivent etre mis au feu pour corriger la

[80] Argenterio Giacomo, cité, 1598, page 82.

malice de l'air corrompu : prenés bdellium, semence de cresson blanc, storax, saffran, encens, lignum aloes, camphre[81].

Julien Le Paulmier, en 1580, recommande de régénérer l'air de son intérieur avec des graines de genièvre, du benjoin, du styrax, des écorces d'orange et de citron. Mais, faute de mieux, les plus pauvres pourront purifier l'air avec des herbes odorantes bouillies dans du vinaigre ensuite versé sur des briques rouges. L'indigence qui oblige à vivre dans des taudis est rapidement détectée par les savants comme fortement liée à la pestilence (*la peste prend plustost aux pauvres gens habitants aux maisons et cavernes puantes et infectes et à ceux qui portent leur vetements plains de sueur puante : ainsi que l'ombre suyt le corps, aussi faict pour la peste la famine*[82]) mais immanquablement, les recommandations sont tout particulièrement adressées aux catégories aisées, destinataires des textes. *Dès le réveil, vous ferez ouvrir toutes les fenêtres de votre chambre. Vos vêtements seront laissés toute la nuit à l'air et rigoureusement changés le lendemain*[83].

Les anciens mettoyent l'escorce de citron parmi leurs habits pour les mieux conserver et les garder de la pourriture. Il est bon de se tenir proprement et nettement et se vestir d'habits qui sont les moins sujets à recevoir le mauvais air, selon la commodité et condition de chacun[84].

La substance de l'air se dégrade aussi à cause des fumées pernicieuses venant de la terre envenimée par des charognes et par les vapeurs méphitiques des mares. Les éruptions volcaniques et les tremblements de terre fissurent l'écorce

---

[81] *Compendium de epidemia*, Faculté de Medecine de Paris, 1348, B.N., cité par Arveiller Raymond, Textes médicaux français d'environ 1350, Romania, vol. 94, n. 374, (2), 1973, pp 157-177 (21 pages), Librairie Droz.

[82] De Huval Baltazar, cité, 1583, page 5.

[83] Argenterio Giacomo, cité, 1598, page 17.

[84] *Advis sur la peste*, Paris, chez David Douceur, Librairie iuré, rue Sainct Jacques, au Mercure arresté, avec permission, 1606, page 47.

terrestre : des serpents, lombrics, crapauds et araignées sortent alors des profondeurs de la terre pour se sauver des émanations infectes dégagées des crevasses. Cette vision des animaux moribonds sortis de la terre s'apparente à la mortalité des rats, conséquente à l'épizootie précédant la peste humaine.

Le philosophe humaniste toscan Marsilio Ficino (1433-1499) dans son *Consiglio contro alla peste*, publié posthume en 1533, met en garde contre les vents qui proviennent des étangs et de marais aux eaux vaseuses par la putréfaction des herbes. Il demande de s'éloigner des lieux qui sentent mauvais, des odeurs de choux, de roquette et d'autres herbes malodorantes. *Obturando domum omnino a parte meridiei et aperiendo eam a septentrione*. Les vents du sud, porteurs d'humidité et de chaleur, sont néfastes : il est conseillé d'ouvrir le côté nord et de fermer le sud de la maison. Il est défendu tant de vivre en altitude, car l'air pollué monte, que d'habiter près d'étangs, de marais, de cimetières ou de charniers.

Il faut améliorer l'air de la chambre du pestés, ce qui se fera en été, par des herbes et fleurs refrigerantes et odorantes comme violettes, œillets, roses, paquerettes. Faut arroser avec beaucoup d'eau fraiche, en laquelle on pourra mettre du vinaigre ou de l'eau de roses pour ceux qui ont les moyens. Rasés, medecin arabe, dit qu'au temps des grandes chaleurs on mette dans les chambres des grandes pièces de toile mouillées d'oxycrat, durant les grandes froideurs faire bon feu et parfumer la chambre. Pour les pauvres avec du bois de genévrier, de laurier, de lavande, sauge, romarin, marjolaine, et l'encens. Pour les riches, avec des trochisques de Chypre. Faire changer de chambre et de lit au malade et tout tenir nettement. Et quant aux fenestres, elles ne seront ouvertes la nuit ni le jour si l'air est nebuleux ni si le vent de midi souffle, mais si l'air estoit sans vents il faudra laisser les fenestres ouvertes de jour. Entre tous les vents, les Aquiloniens et les Septentrionaux sont les plus salutaires[85].

L'apothicaire parisien Nicolas Houel, en 1573, classifie les vents en fonction de leur nuisibilité ou salubrité. Le vent de Bize, septentrional, froid et sec, est sain. Les vents Austral, Occidental et Méridional sont pernicieux car chauds et humides, débilitant le corps et favorisant le venin pesteux. Le médecin de Ravenne Francisco La Torre, en 1528, écrit que les pores et les méats de la peau sont un vecteur principal de pénétration de l'air infecté. Le venin profite donc de ces voies pour joindre le cœur. La rectification de l'air est donc sa priorité absolue. Des fumigations de storax, bois d'aloès, écorces de cédrat, encens, myrrhe, santal, camphre sont effectuées en disposant ces simples dans un vase avec des charbons ardents. La fumée parfumera la pièce, purifiera l'air et consommera les superfluités et les immondices produites par la chair malade du pestiféré, qui sortent de pores de sa peau. Déjà en 1349, le médecin juif Abraham Hen préconise des feux purificateurs avec du romarin, du genévrier, de la roquette et du myrte[86].

Méfie-toi des conversations, surtout à jeun, et lorsque tu discutes, reste loin de la personne au moins deux bras et toujours en lieu ouvert. Lorsque tu as un suspect, reste encore plus loin de lui, au moins six bras et le vent ne doit pas souffler de lui vers toi. Entre vous deux, il doit y avoir du soleil, du feu et des bonnes odeurs[87].

En définitive, à travers la respiration, l'air corrompu par l'agent pesteux contamine les humeurs en dégradant la chaleur interne qui cause la corruption des organes et surtout du coeur. Les

[85] Louys Guyot Dolois, cité, 1673, page 42.
[86] Abraham Hen, médecin juif du XIVe siècle, « Tractatus de Pestilentia », probablement rédigé en 1349 et conservé dans une version incomplète à Leiden, bibliothèque de la Rijskuniversiteit.
[87] Ficino Marsilio, cité, 1523, page 40.

« miasmes et le souffle putrides » génèrent la peste. Il est donc universellement conseillé de se protéger des exhalations autrui au même temps que de l'air pestilent : il faut donc porter avec soi des « pommes à humer » ou des éponges parfumées. Dans le *Compendium de Epidemia* de la Faculté de Médecine de Paris, rédigé en 1348, la recette de la pomme parfumée contient sensiblement les mêmes ingrédients que celle du médecin Louis Guyon Dolois, en 1673 : storax calamita, gomme arabique, myrrhe, encens blanc, roses rouges, noix muscade, girofle, macis, ambre, sarriette, mente sèche, spica nardi, cannelle, cardamome, benjoin. Giovanni de Noto aussi, au XIVe siècle, décrit les ingrédients d'un *pomum* à senteurs, composé par des ingrédients variables selon les moyens financiers du patient et placé sur la poitrine à travers une cordelette, afin d'inhaler des parfums forts, supposés pouvoir faire barrage aux miasmes nauséabonds. Pour son public riche, cette « pomme » contient du *laudanum, rosarum, mirrae, mentae, nucis muscatae, croci, camphorae, conficiantur cum aqua rosata et suco buglossae et melissae* : donc épices précieuses, herbes médicamenteuses et odorantes. Pour les *pauperes* les ingrédients, bien plus humbles, sont *cyperi, mayoranam, rosis*. De même, Francesco Alessandri, en 1586, distingue les *poma* par la diversité de leurs ingrédients. Si l'ambre est l'élément clé pour les classes les plus aisées, les roses le sont pour les plus misérables.

Pour se protéger de l'air et des souffles pestilentiels, il est aussi recommandé d'humer une éponge mouillée avec du vinaigre et de l'eau de rose et de garder dans la bouche une branche de verveine. Tout praticien conseille de mâcher des herbes aromatiques, de l'encens et de la cannelle : Tommaso del Garbo suggère aux prêtres, notaires ou au personnel soignant de « garder des œillets dans la bouche » ou de manger des dragées pour filtrer l'air corrompu dégagé par les pestiférés. *Tu mâcheras du fenouil, de l'anis, du girofle* est la devise de Taddeo Alderotti en période de pestilences. André Le Gros, médecin à Paris en 1625, suggère de porter toujours à la main des fleurs parfumées comme les roses ou des brins d'herbes odorantes comme la lavande et en respirer le parfum. Aucune des sources consultées ne consignent de préconisations sur le port des masques ou de protections pour préserver le visage des effluves malsaines. Même les cristaux protecteurs placés sur les yeux des médecins pour enrayer le passage de l'air et le bouclier de leurs narines à forme de bec d'oiseau rempli d'essences et d'herbes parfumées, iconographiquement très reconnaissables, ne sont nullement évoqués.

Des sachets de taffetas peuvent être cousus, dans lesquels on glisse des racines, des herbes et des feuilles parfumées : angélique, roses rouges, santal citrin, bois d'aloès, menthe, marjolaine, origan, ambre. Une recette de sachet « porté dans les lazarets » est fournie par le citoyen véronais Angelico Vespasiano, qui vraisemblablement n'est pas médecin, mais qui néanmoins publie en 1577 un texte prophylactique autorisé par le Conseil des médecins. Il recommande de triturer de l'arsénique, du corail rouge, du safran, de la thériaque et du musc et de placer cette poudre dans le sachet. Même les croyances les plus absurdes, qui polluent la rationalité médicale, sont observées par le prisme de l'air contaminé. Primus de Corpusllirio, médecin du XVe siècle à la faculté de Médecine de Paris, est à l'origine d'une étrange hypothèse.

Les juifs meurent moins que les chrétiens. En raison du mode de vie qui leur est propre, les juifs ne s'exposent pas à l'air du matin et du soir et ils ne se promènent pas à l'air extérieur comme les chrétiens ; or, cet air extérieur est plus mauvais en temps de peste, lorsque les astres ont des mauvaises influences. Les juifs sont saturniens et la complexion de leur planète est froide et sèche, c'est à dire opposée à la maladie pestilentielle. Ainsi ils résistent davantage et sont moins exposés à cet air infecté ; et donc les juifs meurent moins[88].

Dans tout *consilium*, l'air insalubre est une préoccupation constante : le *pneuma*, vie, souffle et chaleur, par son rattachement au cœur et à travers celui-ci au sang, vivifie le corps. Lorsque l'air est nuisible, l'état pathologique est favorisé. La tendance générale à conseiller d'inhaler des parfums et des bonnes odeurs présente néanmoins des exceptions. Les Maîtres chirurgiens parisiens, dans leur Traité, en 1606, consignent un contre-exemple de taille.

Quelques uns tiennent pour singulier remede de sentir tous les matins l'odeur des retraits et des privés et s'aydant de l'opinion d'Averroés, lequel donne pour singulier remede contre la peste de fleurer souvent l'urine d'un bouc, ce que nous ne pouvons conseiller[89].

Venenosa putredo circa partes cordis et pulmonis de quibus exeunte venenoso vapore periculum est vicinantibus et conversantibus. Gentile da Foligno, déjà en 1348, suggère de vaincre cette *venenosa putredo* du cœur et des poumons due à l'air venimeux, en renforçant les organes principaux afin de les aider à la détruire. A l'instar des auteurs qui le suivront dans la quête d'une solution à la peste, Gentile préconise des feux perpétuels dans les logements. Les lits des malades doivent être placés en hauteur pour contraindre le souffle pestilent des malades à contaminer un air déjà détérioré.

---

[88] Cité par Weill-Parot Nicolas, *La rationalité médicale à l'épreuve de la peste : médecine, astrologie et magie (1348-1500)*, Medievals, N°46, Éthique et pratique médicales : aux derniers siècles du Moyen Age (printemps 2004), pp. 73-87, 15 pages, Presses Universitaires de Vincennes.

[89] *Traicté de la peste, avec les remedes certains et approuvez pour s'en preserver et garantir, nouvellement faict par le Collège des Maistres Chirurgiens iurez de Paris*, Paris, chez Nicolas Buon, au Mont St. Hilaire, à l'enseigne S. Claude, 1606, page 21.

Pour se protéger de la transmission interhumaine à travers les exhalaisons, Marcello Squarcialupi, médecin et philosophe toscan, dans son écrit de défense contre la peste, rédigé en 1565, avertit le destinataire de son ouvrage, le sénateur Camillo Castiglione, sur quelques précautions que Marsilio Ficino, un siècle avant, ainsi que Nicolo de Burgo, en 1382, avaient déjà signalées : se protéger du vent venant du malade et ouvrir les fenêtres pour aérer la maison. Squarcialupi concentre ses efforts sur la noblesse, car *les gens plébéiens n'apprécient guère la délicatesse. Il faut néanmoins avertir que les vilains ne s'entassent pas trop.* En 1606, les maîtres chirurgiens parisiens conseillent de ne pas se placer entre le malade et un feu, qui attire la contagion du malade vers le sain. De même, Giovanni de Dondi, dans le quatrième chapitre de son conseil en latin, au XIVe siècle, recommande de brûler dès le matin des bois odorants comme le chêne, le frêne, l'olivier, le myrte, le genévrier, le romarin, le laurier et surtout des essences comme le santal et le camphre. Giovanni de Noto, en 1398, ajoute de l'ambre, du bois de rose, de l'encens, de l'aloès et de la muscade. Il distingue en outre la typologie des bois à brûler en hiver et en été : pendant la saison froide des bois réchauffant comme le laurier, le genévrier, le chêne, alors que, durant l'été, grenade, myrte, santal, rose, sont préférables car considérés comme rafraîchissants. Pour protéger les poumons, Nicolo' de Burgo exhorte à fuir les vents du sud porteurs de chaleur humide et de putréfaction mais en particulier d'éviter l'air expiré par les malades dans le moment de leur mort, car cette *ultimata putredo* est extrêmement contagieuse. En outre, tout comme les autres auteurs, il conseille d'habiter des maisons spacieuses, dont les fenêtres soient dirigées vers le nord, car le sud est porteur de chaleur et d'humidité néfastes. A cause de la tendance de l'air à monter, Nicolo' de Burgo incite ses lecteurs à habiter dans des endroits de basse altitude et de préférence là où des *colunbae* se sont installées.

En ligne générale, cette première phase de l'analyse diachronique des textes, centrée sur les avis face à la gestion de l'air, a été fructueuse dans le sens de l'objectif fixé : le contrôle de la pérennité des recommandations. En effet, entre 1348 et 1673, les conseils des auteurs ne varient pas, ni sur les comportements à tenir pour se préserver de la pestilence, ni sur les simples à utiliser pour les feux et les fumigations. Les praticiens conseillent de choisir des logements ayant des fenêtres orientées vers le nord, de les parfumer et les fumiger par l'ambre, l'encens, le musc, le girofle, le camphre et le bois de santal, de les nettoyer à l'eau de rose et au vinaigre. La dichotomie entre les riches et les indigents a été aussi confirmée. A travers les écrits analysés, la construction d'un « modèle » de la gestion thérapeutique de l'épidémie commence à être envisageable.

La perception des mécanismes de transmission de la peste est univoque. Évidemment, les auteurs isolent quelques facteurs « biologiques » prédisposant à la peste, comme le tempérament sanguin, l'âge tendre et le sexe féminin, à cause de leurs qualités de chaleur et d'humidité conduisant à la putréfaction. Des aspects environnementaux contribuent à la facilité de la contagion, comme le lieu de vie et la période de l'année. Mais pour les médecins médiévaux, entre 1348 et 1673, c'est la transmission aérienne qui demeure le moyen privilégié de la contamination.

Les plus aptes à recevoir l'infection pesteuse venant de l'air ont les pores très ouverts et les méats assez larges. Ils mangent et boivent beaucoup, sont pleins d'oppilations, ils utilisent immodestement le coït et ont un tempérament chaud et humide. Ils restent d'ordinaire oisifs, abondent d'excréments et de mauvaises humeurs, comme les enfants, les femmes enceintes, les personnes intempérantes et les jeunes sanguins[90].

---

[90] Argenterio Giacomo, cité, 1598, page 11.

Quomodo Agere ad Pestilentia[91]

Si les médecins te font défaut, remplace-les par les trois que voici : bonne humeur, repos et sobriété
Aphorisme École de Salerne

Le chapitre « Diététique » des *Consilia*, des *Regimen*, des *De Preservatione*, mais également de la plupart des documents médicaux tout au long de la période étudiée, est au cœur des sollicitudes des auteurs et la raison principale pour laquelle ils écrivent. Invariablement, c'est le thème le plus approfondi, qui ambitionne des réponses achevées et des indications minutieuses. Dans cette partie de leur travail, les praticiens révèlent leur savoir et éduquent les lecteurs sur les comportements à observer face au fléau. Ce chapitre est aussi révélateur de la manière de penser et de vivre au Moyen Age, de la vie quotidienne, ainsi que de la détresse scientifique qui caractérise la parole des chroniqueurs. Généralement, le terme « diététique » dans les textes médicaux annexe les divers aspects comportementaux qu'aujourd'hui s'unissent sous la définition « hygiène de vie ». Sport, propreté, rapports sexuels, sommeil. L'alimentation, bien que partie de la diététique, est un chapitre très important en contenus et donc d'ordinaire développé individuellement.

Le **sommeil** est considéré comme une phase précieuse de régénération qui peut favoriser ou entraver la putréfaction. En générale, la méridienne diurne postprandiale est reprouvée : les humeurs grossières de la digestion fabriquées pendant le sommeil facilitent la corruption. Les auteurs médiévaux

[91] Comment faire face à l'épidémie.

s'inspirent des théories des médecins de l'antiquité : Galien, pour lequel dormir provoque l'humidité et veiller induit la sécheresse, ainsi qu'Avicenne, qui n'approuve que le sommeil nocturne de bonne heure, mais uniquement lorsque la digestion est avancée. Celle-ci est effectivement une recommandation judicieuse, reprise par Orazio Augenio en 1577 et précédemment par De Noto, qui somme ses lecteurs : *nullus vadat dormitum statim post cibum sed at minus tardet per duas horas vel tres*. Gentile de Foligno se méfie du *somno diurno* et de Dondi conseille aussi *non dormiatur de die*. Nicolo de Burgo loue le sommeil qui, en hiver, se déroule *in loco temperato* et, en été, *ad frigitatem declivi*.

Le sommeil est très semblable à la mort, alors que l'état de veille est un exercice pour la vie et pour le réveil de l'âme. En temps de peste, les flegmatiques gros doivent peu dormir tout en tenant compte de leurs nécessités, les cholériques secs peuvent dormir davantage, les catarrheux et les femmes doivent veiller. Les faibles d'estomac doivent beaucoup dormir. Jamais ne dormir dans des lieux humides. Afin de trouver le sommeil, pensez à de belles choses[92].

Les différentes nécessités de sommeil entre les cholériques et les flegmatiques sont reprises par Orazio Augenio (1577). Ce dernier, avec De Noto (1398) et La Torre (1528) déplore tant le sommeil dépassant les sept heures, qui mène à la pléthore humorale, qu'abrégé (*trop de veille enflamme et affaiblit le corps*). Pour Augenio, le principal remède à l'insomnie est la mélisse, un sédatif aussi indiqué comme antidote contre la peste. Le sommeil doit débuter du côté droit et se poursuivre du gauche avec la tête relevée. Les reins pâtissent à cause du sommeil sur le dos.

Sachies que li dormir, s'il est fait selon ce qu'il doit, il garde la santé du cors et boines humeurs engerrer ; et si fait trespasser maintes

[92] Squarcialupi Marcello, cité, 1565, page 31.

maladies qui viennent par courous, et par trop gesir à femme, et par trop penser. Et li dormirs atempreement vaut miex que as jovenes, por ce k'il garde les humeurs où li caleurs naturex se nourist. Qui velt dormir por la santé de sen cors garder, il convient qu'il dorme apriès ce que li viande est avalee de l'estomach, et doit iestre plus lonc li dormirs de celui qui prent assés de viande que de celui qui en prent pau ; et cis dormirs doit estre de nuit, ne mie de jor. Qui dors de jor, si en avienent maintes maladies, s'en devient on pesans et lens, si engendre aposthumes et fièvres, mais aussi cis dormir doit estre de nuit, ne mie de jor ; et quand il commence à dormir, qu'il gise sor le destre costé et puis se tourt sor le senestre. Encore devès savoir que dormirs à envers est malvais por ce qu'il fait maintes maladies venir, si com apoplesie, frenesie, fanstosme, que li phisitiien apelent incubus[93].

La gauche est régie par le diable, certes, mais, plus physiologiquement, cette recommandation pourrait être due à la position, à droite, du foie (estimé comme le centre de la fabrication du sang) et de la vésicule biliaire, où siège la bile jaune. En dormant du côté droit, l'écoulement de la bile en dehors du foie en résulterait facilité. Pour Aldebrandin aussi dormir de jour est nuisible, ainsi que chercher son sommeil sur le ventre. Le *Régime du Corps* de l'auteur siennois a été écrit un siècle avant la peste Noire en Europe. Et pourtant, ses avis sont sensiblement les mêmes que ceux d'Augenio, trois cents ans après, en dépit des nombreuses vagues de peste qui les séparent. Visiblement, les recommandations pour la préservation de la santé ne subissent que des modifications très légères après la césure épidémique.

Les **ablutions** personnelles en temps de peste sont décrites et canonisées par les auteurs de documents étudiés. La propreté individuelle est faible ou nulle pour toutes les classes sociales, mais davantage pour les plus misérables, qui partagent leur vaisselle, puisent dans le même plat et boivent dans le même

[93] Aldebrandin de Sienne, cité, page 22.

verre. Les vêtements ne sont renouvelés que si la décence l'impose, les draps et les couvertures sont envahis par des vecteurs pathologiques de petite taille mais de grande vigueur, les parasites. Les bains sont considérés nuisibles pour la dilatation des pores qu'ils entraînent, qui favorise la pénétration de la corruption aerienne. Le concept médiéval d'hygiène exclut l'usage quotidien de l'eau pour se laver et se débarrasser des parasites, pour toutes les classes sociales. La pratique des bains est très ponctuelle, découragée par l'Église et uniquement destinée aux rangs fortunés, pour des événements précis ou suite à des prescriptions médicales. Galien avait établi une hiérarchie des eaux indiquées en fonction de la pathologie. Selon sa température et sa nature, l'eau possède l'une des quatre qualités universelles et donc une capacité thérapeutique spécifique : l'eau tiède ou froide est réfrigérante alors que l'eau chaude est échauffante, l'eau douce est humectante et l'eau minérale est desséchante.

Saciés que totes ewes salees et soufrees et de mer valent à maladies froides et moistes si com sont goutes, as maladies de rains et à ydropisie de froide et de moiste nature. Et de teles aighes se doivent garder cil ki sont magre et de seche et de caude nature. Et devés savoir que li baingners d'ewe caude et douce, au coumencement, fait le cors devenir moiste et atempré et por longement demorer, escaufe le cors et deseke[94].

Aldebrandin échelonne les eaux en fonction de leurs qualités intrinsèques : les eaux salées et soufrées sont adaptées aux maladies froides et humides uniquement. L'eau chaude (échauffante) et douce (humidifiante), qui affaiblissent le corps favorisant la putréfaction, seraient donc défendues en cas de peste. Bien que l'eau froide et l'eau minérale s'opposent à la corruption, la pratique des bains demeure déconseillée puisque,

---

[94] Idem, page 27.

en ouvrant les pores de la peau, elle facilite l'absorption des miasmes.

Si les bains sont proscrits, les frictions sont prescrites, tant pour les sains que pour les malades. Durant les vagues de peste il s'agit d'un rinçage quotidien et matinal, très vigoureux, des poignées, de la bouche et des narines par du vinaigre, de l'eau de roses, du vin Malvasia mélangés. Avant de se laver, les riches infusent dans ce mélange liquide, du bois d'aloès, de la noix muscade, du cinnamome, de l'ambre, du storax, du musc, du camphre. Nicolo de Burgo incite même à frotter les parties génitales avec du vin et de l'eau de rose. Gentile et Dondi conseillent les frictions en évitant l'eau douce et chaude, humidifiante et corruptrice. Les frottements corporels doivent être effectuées avec du vin (aigre, sucré et médicamenteux) ou à défaut, avec sa propre urine (acide et odorante). Selon Nicolo' de Burgo « *lavare ex vino pontico pudenda est bonum et utile* » et par temps froid, « *fiat talis lotio cum vino decoctionis aromatum* ». La lotion de Marcello Squarcialupi est obtenue en bouillant des pétales de roses rouges avec de l'écorce de citron dans du vinaigre et doit être utilisée pour se masser énergiquement les poignets et les paumes des mains. Francesco Alessandri, en 1586, demande de se laver le visage le matin avec un mélange d'huiles de noix et d'olive, d'urine, de sel et de vinaigre. L'utilisation du vin et du vinaigre est très répandue, leur teneur en vin favorise la macération d'herbes et d'épices et permet une bonne conservation.

Vins aigres est, de se nature, frois et caus mellés. Tels vins est boins pour scaufer en totes caudes maladies especiaument vaut quant li tans est corrunpus pour trop grant caleur[95].

Par temps froid, Giovanni de Noto encourage à se laver avec de l'eau tiède dans laquelle des herbes odorantes comme le romarin

[95] Idem, page 120.

ont été bouillies et à se frictionner les poignets, les génitaux, l'aine et les aisselles avec du vin. L'aigreur du citron, l'acidité du vinaigre et du vin empêchent la putréfaction par leur activité purificatrice.

Le vinaigre est contraire aux venins tant chauds que froids et garde de la pourriture d'autant qu'il est froid et sec, qui sont deux qualités contraires et répugnantes à la putrefaction. L'experience montre que on peut garder en celuy des corps morts, chairs, herbes, fruictz et aultres choses, sans qu'elles se pourrissent. Et si quelcun veult obiecter que le vinaigre n'est utile à se laver le corps à cause qu'il feroit obstruction des pores et empescheroit la respiration (ce qui est fort convenable a pourriture), il doict corriger ses qualitez froides et seiches[96].

Se protéger de l'air contaminé signifie également bâtir une prophylaxie construite autour de plusieurs axes. La propreté, tant individuelle que collective, la volonté de désinfection par l'usage du citron et du vinaigre, l'observation des qualités des eaux en fonction préservative et la gestion du sommeil sont les principaux piliers des recommandations de type « hygiéniques » contenues dans la partie consacrée au *regimen* dans les *Consilia Contra Pestem*. La bouche, le nez, les pores de la peau sont des couloirs ouverts à la peste : il est donc nécessaire de défendre son corps des agressions de l'air « putride » à travers un bon nettoyage, un habitat salubre, un sommeil juste et équilibré.

Toutefois, les facteurs mentionnés, bien que prépondérants, ne sont pas les seuls évoqués par les auteurs. Les documents traitent de manière assez circonstancielle de l'***usage de femme*** et de la

[96] Houel Nicolas, *Traité de la peste auquel il est amplement discouru de l'origine, cause, signes, preservation et curation d'icelle*, Paris, Pour Galiot du Pré, en la rue Sainct Jacques, à l'enseigne de la gallere d'or, 1573, page 23.

sexualité en période de peste. Cette matière n'est évidemment réservée qu'à la protection des sains et uniquement aux hommes.

Le coït sera donc modéré. Les sanguins peuvent en user un peu davantage, les mélancholiques doivent être très prudents, mais les flegmatiques ainsi que les faibles doivent s'en abstenir totalement[97].

En condition normale, la sexualité n'est préconisée qu'en âge jeune ; dès la sénescence, souvent corrélée par ses maladies et ses faiblesses, l'érotisme est contre-indiqué. Les remèdes et les simples aphrodisiaques, disponibles dans le patrimoine pharmaceutique des officines, ne sont consacrés qu'à revigorer la sexualité juvénile.

Saciès ke la matere ki se part du cors de l'ome à user de feme est superfluités de humeurs qu'ele se part de la cervelle de ij vainnes qui sont desrier les oreilles. Par le trop user, tous li cors en afloiblist et tot li talent de mengier et fait malvaise alaine, doleur de flans et foiblece de nier. Tres tot le cors refroidi et les vertus de cascun membre met à nient et sur toutes coses fait envieillir. Premierement se doit garder cascun ke il ne le face quant il est plains de boire et de mengier et encore se doit on garder ke on ne le face quant il est vuis et a grant faim (...). Et pour l'atempreement faire, fait le cors plus legier et fait eskiver maintes maladies ki puent avenir[98].

Déjà Plutarque pensait que le meilleur moyen pour conserver sa santé consiste à ne pas manger jusqu'à satiété, à ne pas travailler jusqu'à l'épuisement et à conserver sa substance séminale. La luxure atténue tout spécialement la capacité à assimiler la nourriture[99]. Tous les auteurs harmonisent leur pensée quant au *coitus*, universellement interdit pendant les périodes d'épidémie. Le sperme est une sorte de sang blanc, une humeur précieuse à conserver. Toute semence perdue anéantit le corps humain et

---

97 Squarcialupi, 1565, page 33.
98 Aldebrandin de Sienne, cité, page 28.
99 Plutarque, cité, page 57.

affaiblit sa force vitale : la chaleur dissipée favorise la pénétration de la maladie.

L'évacuation superflue de la semence nuit plus que si tu saignais quarante fois plus du sang. Hyppocrate dit que le coït est une certaine espece de mal caduc[100].

Dans la plupart des cas examinés la pratique d'une « bonne sexualité » fait partie du *regimen.* Nicolo' de Burgo (1382) concède à celui qui ne peut s'en passer de poursuivre, tout en réduisant son activité sexuelle. Ceux qui sont habituellement chastes, ils doivent persévérer. Au XVIe siècle, les auteurs avertissent sur les liens entre la syphilis et la peste et du rôle joué par les prostituées dans la diffusion de ces deux maladies.

Cela serait une civile et sainte chose de sortir de la ville toutes les prostituées les plus infectes qui, comme elles ont été déjà à l'origine du mal français, elles peuvent aussi bien générer la nouvelle pestilence[101]. *Que chacun de nous se méfie, en temps d'épidémie, d'avoir commerce avec une femme infectée par le mal français, car ces deux maux ont une amitié très grande entr'eux. Et si le sort nous conduisait à l'erreur, qu'on prenne immédiatement un remède qui doit aussi préserver de la peste*[102].

L'opinion de De Dondi (XIVe siècle) penche pour une abstinence totale, Gentile (1348) conseille la précaution, De Noto (1398) prêche la sobriété et fustige le *coytu superflu.* L'anonyme compilateur génois, (XVe siècle) décourage les mariages pendant la vague pestilentielle « *observanda est castitas, ideo non debet quis istis temporibus consumare novum matrimonium* ». Ficin, au XVe siècle, incite à éluder la proximité

[100] Ficino Marsilio, 1523, page 10.
[101] Argenterio Giacomo, Porta Tecum, *Rimedii più veri et approvati, tanto preservativi quanto curativi contro la Peste*. Diviso in tre trattati, Torino, per Aluiggi Pizzamiglio, 1598, page 66.
[102] Augenio Orazio, 1577, page 133.

des coureurs de jupons et des gens de mœurs faciles, comme les buveurs et les gourmands.

Les fatigues qui suivent les joutes de Venus sont le signe que l'humeur qui contient la force et l'esprit très pur est sorti et laisse le cœur, le foie, le cerveau battus et languissant. Dans ces jeux de Venus nous perdons un grand nombre d'esprits les plus pures, vivifiants et de nature celeste. Le coït doit donc être modéré[103].

Frère Giovan Battista Napolitano, qui soigne les pestiférés à Naples en 1576, reflète les mêmes mots des auteurs qui l'ont précédé : *le coït doit être usé avec tempérance mais uniquement pour ceux qui en ont l'habitude. Les autres doivent s'en abstenir complètement. L'homme doit aussi se garder de la proximité de la femme en période d'épidémie et ne doit pas se marier.*

L'homme médiéval pense à son corps comme un vecteur de vice et à la peste comme une punition pour ses péchés. La vie sexuelle est strictement règlementée par l'Église, qui toutefois privilégie le chemin de la chasteté, de la continence et de la virginité. L'acte sexuel, même pour un couple religieusement marié, peut exprimer la luxure et doit donc être évité, surtout en période épidémique, au nom de la purification et de la soumission à Dieu. La fornication, interdite, s'oppose aux valeurs morales nécessaires pour aspirer à la guérison ou à la préservation.

Brief on peut conclure que Dame Venus est une vraie peste, si on n'en use avec discrétion[104].

Le dynamisme implicite de l'acte sexuel est assimilable à l'**exercice physique**. Généralement, l'activité et le mouvement sont considérés utiles pour évaporer les superfluités contenues sous la peau. En période de pestilence, la pratique de tout

[103] Argenterio Giacomo, cité, 1598, page 69.
[104] Houel Nicolas, cité, 1573, page 16.

mouvement est proscrite ou circonstanciée, car reprendre son souffle trop souvent implique une absorption supplémentaire d'air contaminé. Les longs voyages sont totalement interdits et les déplacements ne sont envisageables que dans des lieux où l'épidémie est déjà passée et terminée. Giovanni de Noto recommande de s'abstenir de mouvement pendant la vague épidémique, ou bien de soumettre ces pratiques à deux conditions : les effectuer à jeûne afin de se soustraire au risque du réchauffement corrupteur induit par la digestion et dans un lieu couvert pour ne pas inhaler de l'air putride. L'auteur conseille de faire beaucoup d'exercice (*fiat exercitium fortius)* avant l'arrivée de la peste *(ante tamen adventum pestis)* afin de pouvoir le réduire ensuite : recommandation curieuse, mais qui peut être partiellement expliquée. En effet, le *consilium* de Giovanni de Noto a été écrit à la fin du XIVe siècle, lorsque le fléau sévissait par vagues épidémiques tous les dix ou douze ans : cela pourrait donc générer une certaine possibilité de prévision.

Le venin pestilent qui nous infecte a son siège en l'air que nous attirons en respirant. C'est pourquoi en temps pestilent on doit fuir toutes les occasions qui peuvent augmenter la nécessité de respirer, comme l'exercice violent et mesme le médiocre trop longuement continué, soit au ieu de paume, ou à la course, ou à la danse, ou à la luicte : mesme chanter ou crier, ou iouer des cornets à bouquin ou de la fluste. La cholere n'est pas moins dangereuse, parce que l'eboullition qu'elle fait au sang le prépare à recevoir l'impression de l'air et la corruption[105].

Sur cette question aussi, les sources du XIVe siècle sont en harmonie. Peu d'exercice pour Gentile et avec le ventre vide ; Dondi conseille d'éviter tout mouvement et réchauffement non obligé, cause de déséquilibre humoral ; pour de Burgo tout exercice menant à transpirer ou à se fatiguer est proscrit. Au XVe et XVIe siècle, les avis sont identiques. L'anonyme *consultor*

[105] Le Paulmier Julien, cité, 1580, page 7.

(1438) demeure cohérent avec la théorie aériste : il déconseille l'exercice dans les régions contaminées afin d'éviter l'air corrompu, alors qu'il prône le mouvement dans des lieux sains, à condition que l'estomac soit vide. Il adopte les conseils du médecin persan Rhazès, né en 865 : dans des lieux estimés comme épidémiques, la chasse et l'équitation sont préférables à la gymnastique. Les idées de Marsilio Ficino sont homogènes avec celles des autres auteurs qui l'ont précédé ou suivi : en temps de peste, l'exercice doit être tempéré sans aboutir à une malencontreuse transpiration et pratiqué avant le déjeuner ou le dîner.

L'exercice doit être mesuré et tempéré car le grand mouvement réchauffe les esprits et force à respirer davantage le mauvais air[106].

Orazio Augenio (1577) proscrit l'exercice en période de peste car il augmente les nécessités respiratoires. Les mouvements qui accroissent la sensation de fatigue, comme *le jeu de la balle petite et grosse, les bals gaillards, la course, la chasse, le lancer du poteau* favorisent la contagion. Il interdit aux nobles la chasse, à cause de l'air corrompu des forêts (les feuilles, les champignons, la mousse des sous-bois sont des éléments considérés facilement corruptibles), mais Augenio s'oppose aussi à l'oisiveté qui génère dans le corps des *superfluités oppilatives, fait des humeurs visqueuses, affaibli la chaleur naturelle.* Le juste milieu est alors la seule voie recommandable.

Pourtant on deburoit en temps de peste defendre à son de tronpe et cris publics toutes danses desordonnées. Veu que par experience on a cognu plusieurs par icelles avoir esté surpris et mourir soudainement. Rhases escript que par une grande pestilence peu d'hommes eschaperent si non les veneurs[107].

[106] Napolitano Giovan Battista, cité, 1576, page 12.
[107] Houel Nicolas, cité 1573, page 13.

La mortalité soudaine et inéluctable occasionnée par la peste est un traumatisme profond pour les populations atteintes. La crainte de la contagion, du décès de la famille et de l'entourage, la gravité des symptômes, les douleurs insupportables, la vue des charniers ouverts, font de la vie quotidienne une angoisse perpétuelle. Pour pallier à ces chocs émotionnels, les sources instruisent leurs lecteurs sur les comportements et les **attitudes** en temps de peste, sur les moyens pour pallier aux états psychologiques de peine et de crainte, qu'aujourd'hui on appellerait des syndromes dépressives ou anxieuses.

Cavendum est multum ab ira, tristicia, solicitudine, cogitatione assidua, ymo gaudeat, letetur cantilenis, melodiis et instrumentis sonoris honesti [...] fugiantur conversatione [...] stare solitarius melius est.

L'anonyme génois, en 1438, pense que la posture susceptible d'aider le corps à se défendre de la maladie soit empreinte d'une gaieté calme, d'une solitude consacrée à l'écoute de la bonne musique en respectant, bien entendu, la parole de Dieu.

Il faut éviter toutes passions et perturbations de l'esprit et spécialement la colère, la tristesse et la frayeur. Par la tristesse et la frayeur, par la mélancolie ou telles autres perturbations et agitations de l'âme la lie du sang sort de sa place, se mesle avec les bones humeurs, les troubles, les corrompt et les dispose à cette mauvaise pourriture[108].

Selon Gentile et Nicolo' de Burgo, la colère, la tristesse, la crainte sont à bannir, pour adopter une conduite sereine et joyeuse. De plus, *maxime pestilentiae et mortis ab omnique auditu, colloquio et mentione infirmorum et mortuorum ex epidemia.* Ne jamais mentionner la grande mortalité, ne pas

[108] *Advis sur la peste*, cité, 1606, page 48.

parler de pestiférés, de morts et de suspects, mais au contraire, *unusqui pro posse laetari et gaudere omni modo.*

Vis dans l'espoir et la confirmation de ta foi en Dieu, cherche une compagnie joyeuse, écoute de la musique, joue à des jeux honnêtes et plaisants, bannis toutes les pensées lugubres et troubles. Fais tout effort pour rester heureux, habille-toi de soie ou par des couleurs légères et joueuses, porte un bijou avec une pierre, sort avec des bouffons, écoute les comédies, les jeux et les histoires plaisantes ; lis des livres, raconte des blagues et des histoires amusantes[109].

L'accablement et le chagrin sont dangereux : bonheur, confiance et espoir sont nécessaires à la santé. Demeurer en solitude ou ne s'entourer que de personnes gaies, mais principalement conserver l'espérance et la foi. Les mêmes opinions sont exprimées en 1628 :

Les maladies de l'esprit comme crainte, appréhension, chagrin, sont dangereuses, à raison que le cœur en reste affaibli et ainsi ne peut puissamment résister au venin[110].

Fuir tristesse et colère, chercher une joie parcimonieuse, bien se vêtir, écouter de la musique douce et du chant, en accord avec les mots de Giovanni de Noto. Orazio Augenio, en 1577, pense que les passions de l'âme assèchent le corps et affaiblissent sa chaleur naturelle : il faut les fuir, en particulier le sentiment de crainte, très dangereux en temps de la peste.

On devra se garder des grandes allégresses et du rire exagéré car cela provoque l'ouverture de la bouche qui fait rentrer l'air corrompu. Mais chacun devra essayer de garder une certaine joie, en abandonnant tous

---

[109] Bucci Agostino, *Reggimento preservativo degli uomini luoghi e città dell'influsso della peste*, Torino, Martino Crauoto, 1564.
[110] Fueldez Antoine, *Chasse-Peste du Rouergue*, Rodez, Grandsaigne, 1628, page 20. Cité par Mouysset Sylvie, « La peste de 1628 en Rouergue », Annales du Midi, Année 1993, 105-203, pp. 329-348.

les tracas et les négoces. Par des jeux, des sons, des chants et de la lecture de contes, passer le temps[111].

Déjà Aldebrandin, au XIIIe siècle, disait que les accidents et les passions de l'âme (colère, peur, honte, tristesse, envie, angoisse, préoccupations) détruisent la santé et soudainement anéantissent le corps. L'apothicaire parisien Nicolas Houel décourage tant la solitude que la foule. Durant l'épidémie, pour renforcer l'âme, il faut *aucunefoys lire ou entendre quelques plaisante hystoire, tant en la Saincte Escriture (laquelle est le vray antidote et grande thériaque contre la venimeuse peste du peché) que livres d'humanité qui sont d'instruction.*

Le maintien d'un état psychologique équilibré, ainsi qu'un désir de protection de l'air contaminé sont les raisons qui conduisent les dix jeunes nobles protagonistes du Décaméron de Giovanni Boccaccio à s'isoler pendant les deux semaines les plus meurtrières de la peste de 1348 dans une villa de la campagne florentine, afin de s'entretenir par des passetemps, des jeux, de contes d'amour et de farce.

Dans cette section spécifique des *Consilia* et de *Regimina*, consacrée aux comportements durant les épidémies, comme dans la plupart des chapitres de ce genre d'ouvrage, la bipartition entre les fortunés et les misérables est palpable. Les recommandations sont sans exceptions dédiées aux classes sociales les plus favorisées, pour les éduquer sur la bonne manière de vivre en temps d'épidémie. L'uniformité des conseils est encore une fois chronologiquement vérifiée pour toutes les sources analysées. Entre 1348 et le XVIIe siècle, pour tous les *consiliatoris*, le sommeil de jour, l'activité physique et les bains sont proscrits, l'abstinence est recommandée et la *tristicia* est bannie.

---

[111] Napolitano Giovan Battista, cité, 1576, page 12.

La nourriture, première médecine

Quant aux fruictz, le malade pourra user de raisins de damas confiz entre deux platz avec eau de roses et sucre, pruneaux de damas aigres, figues, cerises aigrettes, pommes de capenda, poire de bon chrestine et autres bons fruictz[112]

L'alimentation est l'un des quatre piliers de la médecine et de la thérapeutique depuis l'antiquité, avec l'hygiène de vie, la chirurgie et les *medicinalia*. Hippocrate rationalise le rôle de la nourriture, garante de la croissance chez l'enfant et ultérieurement formatrice de la semence masculine et du sang des règles féminines. Aristote assure que la cuisson des aliments, ayant lieu dans la « cuisine » de l'estomac, est provoquée par la chaleur vitale, qui transforme le bol alimentaire dans la matière nécessaire au corps.

Tout au long des différents coctions qui s'effectuent successivement dans l'estomac, dans le foie et dans les veines, le produit des opérations, lorsqu'il est utile est conservé, mais rejeté lorsqu'il ne l'est point[113].

Pour Galien l'alimentation est la forme thérapeutique principale : la *cura corporis* se sublime dans la nourriture comme thérapie

[112] Houel Nicolas, *Traité de la peste auquel il est amplement discouru de l'origine, cause, signes, preservation et curation d'icelle*, Paris, Pour Galiot du Pré, en la rue Sainct Jacques, à l'Enseigne de la gallere d'or, 1573, page 57.
[113] Nicoud Marylin, *L'alimentation, un risque pour la santé ? Discours médical et pratiques alimentaires au Moyen Age*, Médiévales, n. 69, Travailler à Paris, XIII-XVI, Automne 2015, pp. 149-170, 22 pages, Presses Universitaires de Vincennes.

des pathologies humorales. Comme pour Aristote, l'aliment ingéré est destiné à devenir matière corporelle : il est transformé lors du processus complexe de la digestion et donne naissance aux humeurs qui façonnent à leur tour les os, les veines, les nerfs, mais aussi les organes et les membres.

Selon Plutarque, *les choses les plus simples sont toujours les plus saines pour le corps. Il faut donc veiller à ne pas se gaver, s'enivrer et se livrer au plaisir.* Toujours respecter une *modération habituelle* en consommant *des aliments simples et ordinaires*, pour éviter de *devoir ensuite purger le corps et le laver*[114]. Dès l'antiquité, la frugalité est l'aspect redondant de la nutrition. Le poème qui inaugure le *Regimen* de l'École de Salerne, *Flos Medicinae Salerni*, est un hymne à la tempérance nutritionnelle.

Si tu veux conserver ta santé parfaite et immune de tous les maux, aux calices de Bacchus la lèvre pose sobrement et rarement. Assieds-toi pour une sobre cène et lèves-toi aussitôt après[115].

Dans les *Consilia* et les *Regimina*, les recommandations sont issues des injonctions anciennes : la nutrition est donc fondamentale et strictement médicalisée. La frontière entre la préparation culinaire et la thérapie pharmacologique est mince. Les mêmes épices et les herbes sont évoquées dans le chapitre consacré à l'alimentation autant que dans celui des *medicinalia*. Pour rester en bonne santé, l'homme doit s'alimenter par une nourriture identique à sa *complexio*. Au XIIIe siècle, les recommandations alimentaires d'Aldebrandin de Sienne sont

---

[114] Plutarque, *Comment rester en bonne santé*, Paris, Payot et Rivages, 2016, page 38.
[115] Cité dans Alberto Cipriani, *De conservatione sanitatis*, Pistoia, Gli Ori, 2005, page 84.

centrées sur l'harmonie entre le régime nutritionnel et les tempéraments individuels.

La premiere cose si est de savoir et connoistre la complexion et la nature de toutes coses qu'il covient user por mangier et de celui qui le reçoit. Nous devons savoir que toutes coses sont caudes et moistes, caudes et seches, froides et moistes, froides et seches. Et teles sont les complexions des oumes qui les reçoivent, si com li sanguins, qui est caus et moistes ; li colerike, caus et sès ; li fleumatikes, frois et moistes, et li melancolieus, frois et sès. Ki vieut garder la nature bien saine il doinst sanlant cose à la nature de cascun. Cose caude à caude nature, et froide cose à froide nature et ensi des autres nature[116].

La nourriture étant un remède, les qualités intrinsèques des aliments (humidité, sècheresse, froideur), ainsi que leur degré, peuvent préserver ou engendrer des maladies. Tout aliment est doté d'une ou de plusieurs propriétés qui lui attribuent une action thérapeutique spécifique : les aliments chauffants favorisent la qualité et la quantité de sang, la nourriture réfrigérante soutient la pituite, humectante la bile jaune et les aliments desséchants agissent sur la bile noire. La médecine attribue à ces qualités un degré estimé entre 1 et 4, en accord avec leur puissance.

Nous savons que la viande a une complexion différente de celle du fromage ou de l'œuf. Tous ces aliments ont une coction particulière dans l'estomac et nous ne devons pas mélanger les choses humides, sèches, chaudes, froides, aigres, douces, amères. Je ne suis pas surpris par toutes les maladies qui adviennent pour cette cause. Je m'étonne même qu'il n'y en ait pas davantage, à cause de ce conflit formé par de la nourriture de nature différente qui se retrouve ensemble dans la même veine. C'est pour cette raison que les plus riches souffrent souvent de catarrhes, fatigue, paralyse, épilepsie, goutte. Les corps

[116] Aldebrandin de Sienne, cité, page 13.

rustiques sont plus robustes par la simplicité de la nourriture qu'ils consomment[117].

Taddeo Alderotti, au XIIIe siècle, dessine les règles alimentaires fondamentales pour rester en bonne santé et éviter les erreurs nutritionnelles qui favorisent la dyscrasie. L'extrait suivant, tiré de son « *Libello per conservare la sanità del corpo* », rédigé en 1293, est l'un des supports sur lequel notre discours sur l'alimentation en temps de peste sera bâti. A son tour, le travail de Taddeo est un rappel à l'équilibre et à la tempérance alimentaires préconisés par les auteurs anciens et par les ouvrages scolastiques adoptés dans le cadre de l'École de Salerne. Selon les mots du médecin espagnol Jean de Tolède, au XIIIe siècle, « la gourmandise tue plus que l'épée ».

Tu commenceras par manger les aliments qui plus sont adaptés à ta nature. La nourriture qui convient à l'un peu être mauvaise pour l'autre. Ces aliments génèrent un meilleur sang : viande d'agneau castré, veau de lait, chevreaux, cochonnets ; parmi les oiseaux, perdrix, faisans, chapons, poules et oiseaux de montagne. Les œufs des poules sont très bons et génèrent du sang fin. Les poissons d'eau courante et de la mer sont indiqués. Les choux verts pas trop cuits sont bons car le bouillon qu'ils produisent fait l'urine fine. Le pain doit être bien levé et cuit dans le four. Tu le mangeras le lendemain de sa cuisson, car il fait un sang meilleur. Le vin que tu boiras aura une bonne odeur, d'une couleur or, mais tu le couperas à l'eau, pour mieux le faire passer par le corps. Quand tu manges, mange calmement et mâche bien, que la nourriture soit liquide et plus légère à digérer. Et ne t'inspire pas des nombreux qui veulent boire après toute bouchée : boit quand tu auras fini de manger, autant que nécessaire. Ne prends qu'un aliment à la fois et ne mange pas trop, seule la quantité qui permet à la nature de te soutenir et sors de table avec un peu d'appétit. Que la nourriture excessive ne te rende pas lourd, cela t'affaiblirait, t'enlèverait la

[117] Squarcialupi, cité, 1565, page 36.

couleur du visage et conduirait ton corps à des nombreuses infirmités comme la fièvre et l'hydropisie[118].

Pour rester en bonne santé, la manière de vivre doit être réfrigérative et desséchante. Dès l'atteinte pathologique, le médecin doit, à travers l'aliment, aider le malade à retrouver sa santé. Le régime prescrit doit être approprié et consommé dans les quantités, les temps et les modalités imposés, tout en gardant à l'esprit le tempérament de son patient. Par exemple, le menu ordinaire d'un colérique, riche en bile jaune, est constitué d'aliments chauds et secs (viandes rôties, pain de blé chaud). Mais si sa dyscrasie est due à une pléthore biliaire, son régime sera exceptionnellement fondé sur le contraire, donc de la nourriture froide et humide (poisson frais, viandes bouillies).

Les pestilences et les épidémies peuvent aussi provenir des mauvais aliments, comme affirme Galien au début de son livre « De cibis boni et mali succi ». César, dans ses « Commentaires de la guerre civile », raconte comme ceux de Marseille, après avoir supporté un long siège, à cause du manque de nourriture, furent contraints à se servir des grainailles vieilles et putrides, qui leur transmirent la peste[119].

Hermani Grube, dans son ouvrage sur la connaissance des herbes médicinales[120], traite de la sapidité des médicaments et des aliments. Les saveurs fondamentales sont initialement distinguées en chaudes ou froides. Les saveurs chaudes sont *piquantes* (qui réchauffent brûlent, piquent), amères et salées. Les froides sont considérées comme âpres, acides, provoquant des frissons, refroidissantes, desséchantes. La saveur prépondérante dans les aliments contre la peste doit être acide et

---

[118] Taddeo Alderotti, 1293, *Libello per conservare la sanità del corpo*, Edizioni Manuzzi, Firenze, 1863.
[119] Argenterio Giacomo, cité, 1598, page 9.
[120] Hermani Grube, *Commentarius de modo simplicium medicamentorum facultate conoscendi*, Padoue, Biblioteca di botanica dell'università Hafniae & Francofurti : ex bibliopolio Danielis Paulli, 1669.

aigre, opposant ses qualités dominantes de sècheresse et froideur à la nature chaude et humide de la putrefaction.

Tu dois t'abstenir des oppilatifs[121] *et de tout ce qui engendre la putréfaction, car cela donne de la matière à la fièvre pestilentielle. Il s'agit de choses visqueuses et au même temps froides et humides. L'humidité est la mère de la putrefaction*[122].

Dans le cas spécifique de la peste, qui éclate sous forme épidémique, les médecins médiévaux détectent rapidement que le régime diététique n'est pas directement en cause, mais des préconisations alimentaires sont établies au titre tant thérapeutique que prophylactique. Les recommandations contenues dans les textes d'époque différente quant à la *debita approximatione ciborum et potuum* se rallient sur les contenus d'un régime diététique indiqué contre la peste, structuré autour du concept de putréfaction et de gestion des humeurs, invariablement en accord avec le tempérament individuel.

La manière de vivre des malades doit estre réfrigérante et desséchante et il est nécessaire que les malades se nourrissent de bons aliments à cause de la grande résolution des esprits et débilitation des forces naturelles qui est faite par icelle maladie. L'abstinence augmente la malignité et le venin et l'aliment pris avec médiocrité augmente et fortifie les facultés naturelles et assoupit davantage et amoindrist les forces du venin comme l'on peult voir aisément de Galien livre troisième. Il est plus convenable de souvent et peu manger[123].

Les notions de quantité et de qualité sont essentielles. Durant les vagues épidémiques, le jeûne est déconseillé, autant qu'une *nauseativa satietas et ebrietas,* au profit d'une nourriture modérée. Les auteurs des textes médicaux en général préconisent

---

[121] Substances qui obstruent les passages ou les conduits par des mauvaises humeurs.
[122] Ficino Marsilio, cité, 1523, page 7.
[123] Houel Nicolas, cité, 1573, page 55.

de remplacer les quatre repas habituellement pris par leur contemporains (*jejunicum*, *prandium*, *merenda* et *cena*) par deux seuls repas, qui auraient la vertu de modérer l'intempérance alimentaire médiévale. Ainsi, pour Luis Lobera de Avila[124], médecin du roi espagnol Charles 1er, en 1540, la première règle de la diététique en temps de peste est celle de la modération.

La diversité de nourriture dans le même repas est à blâmer. Bien qu'on ne doive aucunement pâtir ni la faim ni la soif, il est déconseillé de se rassasier selon l'appetit et recommandé de sortir de table encore un peu affamés. Se remplir surabondamment de nourriture engendre la pesanteur de l'estomac[125].

Orazio Augenio, en 1577, avertit de ne jamais sortir à jeûne : au contraire, la nuisibilité de l'air corrompu sera affaiblie par l'obstacle de la nourriture dans l'estomac. Pour l'auteur, le lien entre la famine et la peste est inéluctable : durant les disettes, les aliments consommés, comme les herbes habituellement non comestibles, les viandes d'animaux fétides, les légumes ou le pain avariés, génèrent des *tristes humeurs putréfiées* qui favorisent la peste. Les conseils de Taddeo Alderotti, au XIIIe siècle, portent exactement sur les mêmes directives quantitatives, aucune adaptation n'est observée. Quant à la qualité des vivres, Marsilio Ficino suggère des aliments facilement digérables, qui favorisent l'évacuation des *mauvaises superfluités*. Des mets de premier ordre, de qualité chaude, cuisinés avec des épices et un assaisonnement aigre. De la même manière, le médecin vénitien Nicolo Massa, qui écrit durant la peste de 1555, dissuade la consommation de viande faisandée, de poissons malodorants

---

124 Luis Lobera de Avila, *Libro de pestilencia curativo y preservativo y de fiebres pestilenciales, con la cura de todos los accidentes dellas y de las otras fiebres y habla : de phlebotomia, ventosas, sanguisuelas, y de los diez y nueve enfermedades subidas que son utilissimas y ciertas preguntas muy utiles in medecine*, 1540, S.I., BNF.

125 La Torre Francisco, cité, 1528, page 5.

ainsi que de des herbes mauvaises et terriennes comme les choux ou la courge.

Pain. Le pain est le fondement de l'alimentation médiévale. Taddeo Alderotti le recommande bien cuit, bien levé et préparé avec du bon blé. Les textes de la période considérée ne diffèrent point de sa pensée. Les *consultoris* du XIVe siècle conseillent de consommer un pain bien fermenté, bien rôti, peu salé et préparé par un blé excellent qui ne doit pas être cueilli dans un lieu pestilentiel. Giovanni de Noto, comme Taddeo, est d'avis que le pain ne doit pas être consommé chaud pour le risque d'accroître la corruption, ni trop frais ni trop vieux et préparé avec de la farine fine « *flos farinare* ». Les mêmes indications sont relatées par Luis Lobera de Avila, en 1540.

Viande. La viande est une source d'énergie et de vitalité qui cuit à l'intérieur de *l'estomach de l'oume.* Taddeo, comme la plupart des auteurs analysés, prédilectionne les animaux jeunes (le veau de lait, le chevreau) et castrés : la jeunesse de leur chair provoque moins de corruption. Comme Taddeo, Gentile da Foligno encense la viande blanche de volaille, de perdrix et de faisan pour ses qualités de chaleur et sècheresse. Des épices chaudes et sèches comme la cannelle et la cardamome, ainsi que le miel (chaud et sec au second degré) qui expurge les mauvaises humeurs, doivent être systématiquement utilisés pour sa cuisson. Encore une fois, la concordance entre les affirmations de Taddeo et celles des auteurs étudiés est parfaite.

Comme estoit la coustume, qu'on luy donnast les aliments qui seroient poullets et veau bouilly à cause de la fievre. Quelques poullets rosty avec ius de citron et eaüe de rose et aussi voyant qu'elle estoit de complexion sanguin, luy feis faire un potage sans herbes, qui peuvent lui provoquer le flux de ventre[126].

[126] Du Huval, cité, 1583, page 36.

Giovanni de Dondi et Nicolo de Burgo dissuadent de consommer de la viande, tant pour la préservation que pour la cure contre la peste, notamment en été. Comme pour Balthazar Du Huval deux siècles après, ils la recommandent uniquement si cuisinée avec du vin de grenade ou de citron, qui la rendent acide.

Se garder aussi de ne se remplir pas trop de viandes pour bonnes qu'elles soient et à plus forte raison de celles qui se corrompent facilement, d'autant qu'elles engendrent corruption et pourriture du corps[127]

A l'instar de Taddeo, pour Giovanni de Noto le gibier jeune est admissible, mais plutôt braisé que bouilli (chaleur et sécheresse de la braise contre humidité de l'eau). Il interdit le cochon (chair moite et froide qui remplit le corps des mauvaises humeurs) et plébiscite le bœuf (chair froide et sèche). Au XVe siècle, l'anonyme génois préfère les viandes *silvestres* que les *domestice* car l'air respiré par des animaux à l'état sauvage est supposé plus pur qu'en ville. Encore une fois, les animaux domestiques seront consommés très jeunes et exclusivement en hiver. Jamais d'abats. Pour Luis Lobera de Avila, en 1540, les grenouilles sont un véritable antidote et Julien Le Paulmier, en 1580, envisage de nourrir le pestiféré (aisé) avec des potages de poulets et de veau et de la gelée de perdreau. Les rôtis pourront être saucés avec du jus de citron, mélé avec de l'eau de véronique ou, surtout, avec de l'eau de thériaque. Francesco Alessandri, en 1586, donne deux recettes de gibier. La première pourrait être nommée « Perdrix à l'or fin » : découper l'oiseau, le vider et le cuire quatre heures dans un faitout avec du suc d'oseille, du vin Malvasia, du santal citrin, des perles, du safran et 24 feuilles d'or fin. La seconde recette, le « Chapon farci », consiste en la préparation d'une farce de bol d'Arménie, terre scellée, corail rouge, perles, santal,

---

127 Fueldez Antoine, *Chasse-Peste du Rouergue*, Rodez, Grandsaigne, 1628, page 19, cité.

dictame blanc et tormentille pour remplir le chapon. A mi-cuisson, ajouter des feuilles d'or, des graines de pavot, de la conserve de rose, de bourrache et de violettes.

Poisson. Les poissons sont généralement défendus car froids, humides et générant des grosses humeurs visqueuses. Le cas échéant, l'assaisonnement est obligatoirement fait par des sauces au citron ou vinaigre, désinfectantes, purifiantes et qui « *resistunt putredini* ». De Dondi en interdit la consommation, à moins que le poisson soit cuit sur la braise, ce qui lui apporte la chaleur et la sécheresse qui lui font défaut. Nicolo' de Burgo prône l'abstention complète des poissons de lac et Marcello Squarcialupi incite à fuir les homards et les anguilles, car les homards se promènent sur le fond boueux de la mer et les anguilles nagent dans des eaux douces. Luis Lobera de Avila, en 1540, permet uniquement la consommation de petits poissons de fleuve et de lac, après les avoir nettoyés de leurs écailles et vidés de leur intérieur. Le médecin de Ravenne Francisco La Torre, en 1528, déconseille les poissons d'eau stagnante comme les anguilles : les bons poissons sont uniquement ceux qui vivent en eau courante. Mais si « par mésaventure », en temps de peste ses lecteurs n'auraient accès qu'aux mauvais poissons, ils doivent être cuits au vin et assaisonnés par le vinaigre et des épices cordiales comme la cannelle, la noix muscade, le safran et le gingembre.

Les seuls poissons admis sont ceux qui vivent dans des eaux salées, par leur vertu desséchante. Pas de poissons d'eau douce et certainement pas d'eau stagnante. Si l'on doit consommer des poissons d'eau douce, l'eau courante est meilleure, surtout celle qui court rapidement, donc la truite de fleuve est bonne. Pas de poissons vivant dans les bouches des fleuves, car visqueux et boueux. Et dans tous les cas, les assaisonner par du vinaigre fort et des épices[128].

Œufs. Pour Giovanni de Noto en 1398 et Luis Lobera de Avila, en 1540, les œufs sont consommables mais uniquement privés d'albumen et bouillis dans le vinaigre ou dans la cendre chaude. Pour Giovan Battista Napolitano et Francesco Alessandri, au XVIe siècle, les œufs sont proscrits car ils sont sanguins, bien que parfois on puisse les manger cuits dans la soupe ou dans le vinaigre.

Produits laitiers. Les produits laitiers sont froids et moites au premier degré et donc universellement défendus car ils peuvent facilement se corrompre.

Fruits, légumes et légumineuses. Les champignons, moisissure corruptrice, sont unanimement déconseillés. Giovanni de Dondi préconise les pois chiches et les lentilles *froides ou secont degré et seches ou tierc* ; Giovanni de Noto conseille de manger des laitues et de la chicorée l'été, alors que le reste de l'année les asperges et la bourrache sont indiqués grâce à leurs qualités diurétiques. Nicolo de Burgo établit une liste d'herbes à consommer selon la saison, mélangées à d'autres aliments : en hiver la menthe, la sauge, la marjolaine, la mélisse, la bétoine et la scabieuse (cardiotoniques, dépuratives), alors qu'en été il conseille du concombre pour ses vertus purificatrices, ainsi que la laitue, la scarole, la chicorée, qui contrecarrent la *putredinem.*

Les fruis sont pres de tous à eschiver, car le sanc qui est engendré se pourist legierement et ceuls sont assés couvenables en temps de

[128] Augenio Orazio, cité, 1577, page 96.

pestilence et en temps d'esté sunt pommes grenates, citrons, citrangles. En yver et et automne puet on user poires, neffles, berberis, cooins[129].

Selon le *consultor*, trois feuilles de « *rutae, duas ficus siccas et unam nucem* » doivent être mâchées avant chaque repas afin de fournir au corps la sécheresse dont il a besoin contre l'humidité de la peste[130].

Le fruit n'est rien d'autre que l'excrément de la plante, qui se corromp donc très facilement. Il faut donc en conclure qu'en période de peste sa froide humidité soit dommageable. En particulier les fruits qui murissent très facilement[131].

Giovanni de Dondi et l'anonyme génois dissuadent de la consommation des fruits trop sucrés car « *humor et corruptionem humorum generant* ». Nicolo de Burgo conseille les noix, les amandes (chaudes et sèches) et les figues séchées. L'anonyme tisse les louanges des câpres purifiés de leur sel et assaisonnés de vinaigre. De même, Luis Lobera de Avila proscrit les fruits humides et chauds.

Si tu veux te préserver de la maladie, ne te laisse pas leurrer par le dicton de Razès, qui autorise les herbes et les fruits froids et humides, car il habitait au Caire, où la sècheresse est extrême et ces choses, pour

---

[129] *Compendium de epidemia*, Faculté de Médecine de Paris, 1348, BN, cité par Arveiller Raymond, Textes médicaux français d'environ 1350, Romania, vol. 94, n. 374, 2, 1973, pp. 157-177, 21 pages, Librairie Droz.

[130] Federigo Kernot, dans "Storia della farmacia e dei farmacisti", relate un conseil donné dans un ouvrage publié à Londres en 1569 nommé "I segreti di Alessio, contenenti molti eccellenti rimedi contro diverse malattie, ferite e accidenti". L'auteur de ce texte donnerait une recette miraculeuse pour se préserver de la peste : *au cours des temps dangereux, mangez trois branches de rue, une noix et une figue. Et vous serez sauvés.* Je n'ai trouvé aucune trace de cet ouvrage.

[131] Squarcialupi, cité, 1565, page 34.

l'extrême chaleur, sont cuites par la nature. Sois averti de ne pas consentir cela dans des pays qui ne soient pas semblables au Caire[132].

Orazio Augenio, en 1577, déconseille les légumineuses pour leur ventosité : fèves, petits pois, pois chiches, haricots. Si l'on est obligés de les consommer en période de peste, les assaisonner par des aromates et des épices. André Le Gros, médecin à Paris en 1625, rappelle les mots de Galien sur l'ail, bon antidote contre la peste pour les pauvres, leur servant de thériaque.

Des médecins de Florence et de Ferrare préconisent la consommation d'ail et d'oignon pour se préserver de la peste. Ils pensent en fait que leurs bienfaits contre les venins les indiquent aussi contre la peste, maladie venimeuse. En effet, l'ail est préconisé contre les morsures d'animaux venimeux et les piqures des vers venimeux. Quant à l'oignon, il est bénéfique pour la morsure du chien enragé. En emplâtre et lorsque mangée elle chasse les ventosités et la venimosité des poisons. Cependant, pour la peste, je suis d'avis opposé. D'abord l'ail et l'oignon produisent un suc mauvais qui n'est pas indiqué dans les maux qui proviennent d'humeurs mauvaises comme la peste. Ensuite, l'ail et l'oignon fabriquent beaucoup de superfluités d'excréments qui engendrent de la corruption, à fuir en temps de peste[133].

Assaisonnement : Les huiles productrices de *ventositatem* sont défendues, alors que tous les auteurs considérés vantent les vertus du vinaigre, du citron, des oranges et de tout ce qui est aigre pour l'assaisonnement. Les épices doivent accompagner tout type de mets, car elles sont considérées comme une panacée, tant pour leur provenance orientale qui les rend précieuses que pour leur qualité de chaleur asséchante. Nicolo de Burgo affectionne la cannelle, le gingembre, la cardamome, le safran et le sucre blanc, tous chauffants, mais pas de moutarde, malgré sa qualité révulsive. Francesco Alessandri, en 1586, recommande

---

[132] Ficino Marsilio, cité, 1470, page 8.
[133] Augenio Orazio, cité, 1577, page 108.

d'ajouter aux plats préparés, aux soupes et à toute la nourriture consommée des perles triturées, du santal, de la cannelle, du safran, de l'ivoire, du sucre.

On boira le sidre en Normandie et en France vin blanc ou clairet, bien sec et délicat[134]

Quant aux **boissons**, déjà Plutarque affirmait *qu'il ne faut pas se reprocher de prendre de l'eau alors qu'il y a du vin, de boire chaud en été alors qu'on a de l'eau glacée à portée de main*[135]. Pour Aldebrandin le vin est bon pour le corps si pris uniquement durant le repas, avec tempérance et en respectant les *complexiones*. Taddeo préconise un vin couleur de l'or coupé à l'eau. Pour certains le vin est *un souverain antidote dont on peut se servir en toutes formes de peste car par sa force il restaure promptement les esprits, conforte le cœur et les autres parties nobles*[136]. Les sains peuvent boire le vin pur, alors que les pestiférés fiévreux doivent le mélanger à l'eau ; il doit être de très bonne qualité et de préférence grec, le vin de grenade est surtout recommandé pour son acidité. Le « *vino bianco perfettissimo* » est indiqué contre la peste, selon Tommaso del Garbo ; Giovanni de Noto déconseille de boire le « *vinum dulce, novum aut rubeum* ». Pour Marsilio Ficino, au XVe siècle, le vin doit être issu de raisins mûrs, d'une odeur parfaite, de la couleur de la pomme grenade. Selon l'auteur florentin, en été, le vin grossier engendre de nombreux maux chez des corps chauds. Dans les temps froids de l'hiver l'usage du Malvasia est recommandé, bien qu'alterné avec d'autres vins blancs, en changeant tous les quatre jours.

Nicolas Houel, en 1573, pense que la bière engendre des grosses humeurs mauvaises, Ambroise Paré, en 1582, loue les vertus de

[134] Le Paulmier Julien, 1580, page 9.
[135] Plutarque, cité, page 28.
[136] Advis sur la peste, cité, 1606, page 62.

l'hippocras. La recette de ce breuvage comporte de l'eau, du vin, du sucre, de la cannelle, du gingembre, de la cardamome, des clous de girofle, de la noix muscade et du jus de citron.

Le pestés en ses grandes soifs hors des repas boira d'eau d'orge, avec du sirop de citrons ; en ses repas il boira du vin, encore qu'il ait grande fièvre, car il résiste à la putrefaction et au venin et il conforte le cœur : mais on le pourra tremper avec eau de quelques bonnes fontaines ou puits[137].

L'eau doit être mélangée avec de l'orge, du vinaigre ou du citron et toujours bien froide. Évidemment, l'eau des marais et des étangs est proscrite. En accord avec les propos de Francesco Alessandri, en 1586, *lorsque vous êtes obligés à consommer de l'eau putréfiée, après l'avoir bouillie, témperez-la par l'ajout de vinaigre, girofle, cannelle, feuilles de laurier et chaux.* Des recettes de juleps désaltérants pour les malades sont aussi fournies : des sirops de citrons, de cassis, de nénuphar. Du vin de grenades, de la liqueur de roses, de scabieuse, de buglosse, le tout mélangés avec de l'eau. Cette dernière doit toujours être bien froide, souvent amalgamée au vinaigre, pour refroidir, acidifier, garder de la corruption, dissiper les obstructions et éteindre la soif.

Je n'ai jamais apprécié ceux qui, en temps de peste, affirment que l'on devait boire sans modération. Je suis surpris que certains puissent l'avoir même écrit. Au contraire, on doit toujours affirmer, pour la conservation de la santé en temps de peste, que la seule voie est celle de la sobriété[138].

Tout naturellement, le système binaire riche-pauvre est omniprésent dans le chapitre des *Consilia* et des *Regimina* destiné à l'art du bien manger en temps de peste. La nourriture

---

137 Louys Guyon Dolois, cité, 1673, page 42.
138 Augenio Orazio, cité, 1577, page 120.

conseillée, tant dans le cas de préservation que de cure, respecte strictement l'imprescriptibilité des classes sociales, créées par Dieu.

En temps de peste, dans les bouillons des pauvres, on mestera de la poudre de corail, de la limature de la corne du cerf, du pourpier, de l'oseille, des feuilles de buglosse, bourrache, scabieuse. Et pour les riches on pourra faire la distillation suivante : verveine, scabiosa, acetosa, scordium, buglossa, graines de citrons et oranges, corticu citri, rosarum rubrarum. Fiat decoctio avec poudre de corne de cerf, corail, racine pentaphilli, poudre de diamargariton et de gemmes, poudre de bézoard, jus d'orange, feuilles d'or. Le tout sera distillé au bain marie et de cette décoction le malade prendra deux ou trois cuillères dans son bouillon[139].

La nourriture fine n'est destinée qu'aux nobles, dotés d'un palais sophistiqué et pur. La plupart des auteurs insiste sur la légèreté de la viande de volaille, qui appartient à un animal volant dans les cieux. Ainsi, la nourriture « haute » (provenant d'un grand animal ou d'un oiseau) est élevée et sa délicatesse est digne de nourrir des nobles. Cette alimentation est néfaste pour les vilains, qui doivent se contenter d'aliments plus rustiques et grossiers. Les racines ou les bulbes, provenant d'un lieu souterrain, les fruits ou les animaux vivant près de la terre, sont les pitances terriennes et rustres que les pauvres méritent. Le régime doit toujours tenir en considération le statut social. Pour les *bellatores*, les chevaliers et les nobles guerriers, la consommation immodérée de viande est indiquée, pour épaissir leur sang. Au contraire, aux *oratores*, moines et ecclésiastiques, elle est proscrite, sa chaleur et son humidité favorisant la luxure. Ce rang social ne nécessite qu'une nourriture froide et sèche. La diète des *laboratores*, quant à eux, se limite au pain et aux herbes[140]. Si Nicolo de Burgo proscrit aux riches la

[139] Louys Guyon Dolois, cité, 1673, page 42.
[140] Alberto Cipriani, cité, page 85.

consommation de la nourriture grossière des pauvres comme les oignons, Orazio Augenio, médecin de la Renaissance et auteur d'un « De preservatione » en 1577, dans son chapitre dédié à l'alimentation, distingue rigoureusement la nourriture à prescrire durant les temps épidémiques en fonction du rang social. Les pauvres pourront manger de la marjolaine, de la sauge, de l'origan, des parties des animaux déconseillées aux riches et par eux dédaignées, comme le cerveau, le foie, les reins, le cœur, les poumons, les intestins, les yeux, les oreilles. En revanche, il leur déconseille le foie de volailles et des oies, car très difficile à digérer, étant générateur d'humeurs grosses et de sang mélancolique. Dans le cas contraire, qu'il soit au moins corrigé par des épices et du vinaigre. Il demande aux riches de privilégier un seul aliment à la fois et de limiter la consommation des denrées les moins digérables au premier repas de la journée.

La diététique *stricto senso* est d'une grande portée pour la médecine ancienne et médiévale ; les vertus nutritionnelles des aliments et des boissons, lorsque consommés dans une quantité raisonnable et compte tenu de la *complexio*, garantissent la vigueur du corps. La nutrition est estimée comme utile tant pour la préservation que pour la cure de la peste. Cependant, les recommandations des auteurs qui écrivent en temps de peste ne varient que très peu des conseils préexistants. Entre le XIIIe siècle (avec Taddeo degli Alderotti et Aldebrandin de Sienne) et le XVIIe siècle, les différences sont minimes.

Medicinalia

Dieu a créé les médicaments de la terre
et qu'aucun homme avisé n'ose refuser son don.
Bible, Siracide, 38, 4

L'Italie, comme toujours, dans ce domaine aussi, est guide et initiatrice. Les voyages de Marco Polo, de Christophe Colomb, d'Amerigo Vespucci, apportent des nouvelles drogues exotiques, également mentionnées dans les livres de commerce, qui en spécifient les taxes, les poids, les mesures. Les universités sont inaugurées, ainsi que les chaires de matière médicale. On crée des jardins botaniques, des musées, des herbiers et des récoltes pharmacologiques[141].

En Italie, les Républiques de la mer (Venise, Gène, Pise, Amalfi) importent les drogues, les épices, les parfums et les colorants dans leurs galions. En particulier, la toute puissante Sérénissime République de Venise implante ses comptoirs commerciaux dans toutes les côtes méditerranéennes et du Levant. Le climat, la flore, la géographie et l'environnement conditionnent le patrimoine pharmacologique médiéval. Déjà depuis l'antiquité, plusieurs dizaines de simples d'origine botanique sont reconnus ; successivement le règne minéral fournit ses richesses à la pharmacologie, les commerces alimentent l'exploitation des épices mais aussi des simples provenant d'animaux exotiques. La découverte de l'Amérique enrichit la matière pharmacologique par l'apport du tabac, de la coca, du cacao, du sassafras (*sassafras albidum*), du quinquina, du curare, de la guarana. L'apothicaire italien Girolamo

[141] Conci Giulio, cité, page 74.

Calestani, au XVIe siècle, énumère certains simples d'origine animale que toute pharmacie doit nécessairement proposer.

Doit l'apothicaire garder dans sa boutique les parties et les espèces des animaux qui suivent. Graisse d'oie, de canard, de poule, de bœuf, de vache, d'hippopotame. Des escargots, de la chair de lion, de lièvre, de renard, des crabes de fleuve, du castoréum, des cerveaux d'oiseaux, du sang coagulé de chèvre, de lièvre, de la corne et de l'os du cœur du cerf, du foie de loup, de la bile d'aigle, de lièvre, d'épervier, de tortue, de taureau et de vautour. De la moelle de brebis, de chien, de veau, de vache et d'âne ; du miel, de la momie, des os humains, de vache, de sèche. La pellicule intérieure de l'estomac des poules, le poumon du renard, du sang de chèvre, du sang humain et du sang de tortue. Des scorpions, des scarabées, des serpents, du sérum de lait, des crottes séchées de chien, de colombe, de lézard, de loup, de jeune fille, de porc. De la toile d'araignée, des ongles d'âne, de chèvres, de l'urine de jeune garçon et d'hirondelle[142].

Le trésor médicinal des apothicaire médiévaux est aussi enrichi par des ongles d'élan, des homards, des coquillages, du nacre, des coquilles d'œufs, des crapauds séchés et du musc (substance animale très odorante extraite des glandes abdominales du chevrotin asiatique *porte-musc*). Les drogues d'origine animale d'une officine médiévale sont élues à travers le prisme de la théorie de la signature. L'animal transmet sa particulière puissance et ses caractéristiques au malade : les intestins du loup côtoient tant les dents du sanglier que la corne du rhinocéros et celle, légendaire, de la licorne.

On entend par ce mot de licorne une beste naissante en lointain païs, ayant une seule corne au front, qui est prise comme chose miraculeuse contre tous venins. Les Grecs l'appellent Monoceros et les Latins Unicornis. Et pouvoir dire quelle est ceste beste il est fort difficile mesme qu'aucuns doutent que ce ne soit une chose fausse. Et ce qui en faict douter davantage ce sont les promesses excessives et incroyables

[142] Idem, cité, page 91.

que quelques uns mettent en avant des vertus de ceste corne contre la peste et contre tous les venins. Et pour le faire croire aux princes, ils disent qu'il n'est besoin d'en prendre par la bouche, mais qu'il suffit que ceste corne soit tenue seulement à l'opposite du lieu où sera le venin et que subit le venin se descouvre. Chacune nation pense avoir la licorne, mais je crois qu'il y a plus de mensonges que de vérité. Parlez aujourd'hui à tous les apothicaires de la France, il n'y a celui qui ne vous assure avoir de la licorne, et de la vraye[143].

Le corps humain vivant fournit les cheveux, la salive, les ongles, le cérumen des oreilles, la sueur, la semence masculine, les minéraux des calculs. Le sang prélevé au début de la menstruation, séché et pris par voie orale, est considéré bénéfique pour le mal de la pierre, l'épilepsie et la peste. Employé en usage externe, il calme les douleurs de la goutte. L'urine réchauffe et est très utile pour les obstructions de la rate, du foie, de la vésicule. Les excréments humains sont mollifiants, maturatifs, calment les douleurs et murissent les bubons pestilentiels.

Après sa mort, l'être humain approvisionne l'officine pharmaceutique en os, peau, moelle, cœur. La graisse humaine, réputée utile pour les rhumatismes et pour les refroidissements, pouvait être fournie par le bourreau. Selon Federigo Kernot[144] les apothicaires anglais vendaient les crânes humains provenant d'Irlande, où les cadavres des exécutés étaient exposés jusqu'ils tombaient en pièces.

Il était impossible que l'Égypte ait pu fournir tant de milliers de corps. On nous fait donc avaler brutalement la charogne puante et infecte de pendus ou de la plus vile canaille de la populace d'Égypte, ou de vérolez, ou pestiferés ou ladres, comme s'il n'y avoit point autre moyen de recouvrer santé que en se mettant un autre homme dans le corps. Et si ce remede avoit quelque efficacité, au moins il y aurait une excuse.

---

143 Paré Ambroise, cité, 1582, page 13.
144 Kernot Federigo, cité, page 52.

Mais le fait est tel de cette méchante drogue, que non seulement elle ne profite de rien aux malades, ains leur cause grande douleur à l'estomac, avec puanteur de la bouche, grand vomissement et le sang qui sort de ses vaisseaux. Et j'espère qu'après avoir entendu par cest écrit la bonne drogue que c'est la momie, les apothicaires ne voudront plus la tenir dans leurs boutiques[145].

Trois sortes de momies à usage pharmacologique se partagent les étagères des officines : « égyptienne », très prestigieuse et onéreuse, « officinale », provenant de cadavres égyptiens moins nobles et enfin « chimique ou artificielle », formée par des parties de cadavres marinés et exposés au soleil. La « momie blanche » était issue de restes des voyageurs enterrés dans le désert et momifiés par les sables. La poudre de momie était largement utilisée contre la toux, comme emménagogue et pour faciliter l'accouchement. La « liqueur de momie », à la mode au XVIe siècle, magnifiée par Paracelse pour panser les blessures, est préparée avec la chair d'un jeune homme sain assassiné, marinée dans l'huile et distillée, avant d'y ajouter de la thériaque et de la placer en infusion.

Chair d'homme jeune et sain, tué par mort violente. On la coupe et on la marine avec de l'huile. Après l'avoir laissée dans un pot hermétiquement fermé pendant un mois, on la distille. On y ajoute la thériaque d'Andromaque et on mélange[146].

Du monde minéral, la pharmacie obtient du mercure, des perles, du corail, des pierres précieuses et semi-précieuses, de l'arsenic, du vert de gris, de la résine *sang de dragon*, du cuivre, du fer, du laiton, du plomb, de l'or en feuille. L'ambre est un simple universellement adopté comme préservatif et curatif contre la peste ; elle est présumée vivifier la chaleur naturelle, purifier l'esprit et la masse du sang, corriger la pourriture, réjouir le cœur

145 Paré Ambroise, cité, 1582, page 8.
146 Conci Giulio, cité, page 93.

et le cerveau et fortifier les nerfs et les membranes. Ses bienfaits permettent au corps de se protéger des venins et de la peste. La pharmacie doit aussi conserver l'indispensable bézoard, une concrétion calcaire formée par des sels, des fibres et des poils qui se produit dans l'estomac des ruminants, dont le nom signifie « conservation de la vie ». Les descriptions l'indiquent d'une couleur entre le vert et le fauve, brillant, léger, fragile. Il est conseillé de le choisir d'une taille moyenne, en forme de gland, plutôt fauve. Le bézoard est considéré corroborant, tonique, sudorifère, il désagrège les mauvaises humeurs, préserve des vertiges, cure l'épilepsie, les vers et l'ictère, aide à tempérer les palpitations cardiaques, élimine les dysenteries, les calculs, accélère l'accouchement et favorise les menstruations. La poudre de bézoard doit être dispersée sur les plaies, les ulcères et les écrouelles pour les guérir. Il s'agit donc d'un vaillant contrepoison, doté d'un formidable pouvoir anti peste. Selon Marsilio Ficino, tous ceux qui assistent les malades ou sont amenés à les côtoyer, doivent se protéger en portant sur eux cette pierre.

Celui qui tient la pierre bézoard détient le principal remède. Elle résiste à tous les venins chauds et froids, ainsi qu'aux morsures et aux blessures venimeuses. Le bézoard est salutaire, tant par l'intérieur que par l'extérieur, porté au cou ou même dans un anneau sur lequel on sculpte l'image d'un scorpion quand la Lune est en Scorpion[147].

Entre autres denrées, la botanique fournit l'écorce de mandragore, les graines de pavot, les épices, dont la valeur est soumise à leurs qualités médicinales. Elles favorisent la digestion, évitent l'accumulation des mauvaises humeurs, empêchent la putréfaction. Dans l'officine il est possible de se procurer des outils et des objets médicaux : des éponges imbibées d'un somnifère, précurseur de l'anesthésie, des emplâtres

[147] Marsilio Ficino, cité, circa 1470, page 31.

médicamenteux, des sparadraps, des bandes, des bassines pour la phlébotomie, des *matula* pour l'uroscopie, des outils de barberie, des nécessaires à clystère, des suppositoires, des collyres, des dentifrices. Le paysage de la boutique est enrichi par des alambics pour la préparation des eaux distillées (dont la diffusion se développe fortement au fil du Moyen Age), de mortiers de tout matériel (porphyre, marbre, bronze) et de toute taille, des passoires et des tamis, des marmites de cuivre et de bronze. Très souvent, l'apothicaire garde des ruches, des vignes et un potager pour les matières premières nécessaires à ses préparations.

Du médecin, même excellent, même érudit et arrogant, l'art ne vaut rien. Celui qui l'échappe est très vaillant car le ciel nous en a destiné, sans doute pour nos péchés[148].

Après la *dispensatio*, l'acte de choisir, vient la pesée. En Italie, au Moyen Age, jusqu'à l'adoption du système métrique décimal, la règle des poids médicinaux ou pharmaceutiques se fonde sur le système romain. Le particularisme régional italien engendre néanmoins des oscillations pondérales entre les différentes villes et territoires, qu'il faut considérer. Grossièrement, les grands changements dans les unités de mesures ont lieu à partir du IIIe siècle de notre ère et ne modifient que peu sensiblement les unités pondérales jusqu'aux réformes de Charlemagne. Généralement, au Moyen Age, l'apothicaire utilise la livre romaine comme unité de mesure première mais le manque d'uniformité porte à quelques difficultés pour une restitution exacte du système pondéral. La balance à deux plats, qui figure dans la plupart de l'iconographie médiévale concernant les pharmacies, est déjà utilisée à partir du XIIIe siècle pour peser les simples. En Italie, suite à l'Unification de 1861, un décret royal uniformise les unités de mesure et adopte le système métrique décimal.

[148] Cieco Francesco, *Barceletta sopra il lamento di Venezia del mal contagioso*, Brescia 1576, cité par Kohn, page 148.

Certaines régions ayant été fédérées plus tardivement à l'Italie unifiée, cette nouvelle forme de mesure ne sera rendue obligatoire pour l'Italie entière qu'en 1876. Avant d'aborder les concordances des masses, il est utile de préciser la diffusion de formes alternatives de pesée, probablement largement adoptées par les apothicaires. La pesée *ad oculum* est une estimation imprécise de la quantité, ainsi que le probable arrondissement de la masse aux unités entières. La tare est parfois oubliée, les médicaments liquides demeurent compliqués à peser. *Une pincée*, *une poignée*, *saupoudrer* ou *quanto basta* sont des termes largement employés qui dégradent la précision posologique.

Saladinus d'Ascoli propose des poids pratiques comme le Manipolo (la quantité de drogue qui peut être attrapée avec une main), la Poignée (celle qui est contenue dans un poing serré), le Pupillo (la quantité qu'on peut prendre avec les trois premiers doigts médiocrement ouvertes)[149].

Livre : 12 onces, 340/360 grammes.

Once : 27/30 grammes. 8 drachmes, 24 scrupules, 48 oboles.

Drachme : 3,00/3,75 grammes. 8 drachmes pour une once

Scrupule : 1,00/1,25 grammes. 24 scrupules pour une once.

Obole : 0,50/0,60 grammes. 2 oboles pour un scrupule.

L'étape successive du pesage est la *confectio*, la véritable préparation des médicaments composés, en fonction de la recette établie dans l'*antidotarium* ou la pharmacopée. Les simples sont alors déclinés dans de nombreuses formes pharmacologiques : internes et externes, solides, pâteuses, huileuses, molles ou liquides.

---

[149] Signore Giancarlo, *Storia della farmacia*, Edra, Milano, 2014, page 123.

Usage interne

Liquides

Eaux distillées : les premières eaux distillées, au début du Moyen Age, sont aromatiques comme celle de roses. L'eau de scabieuse et de bétoine sont préconisées dans les traitements anti peste.

Décoction : cuisson de la plante dans du liquide. L'eau utilisée pouvait être distillée, de pluie, du puit, de source, de la mer. L'apothicaire avait même le droit d'y ajouter du vin, du lait, du vinaigre, du bouillon. Les bienfaits des drogues se transfère dans le liquide.

La décoction est formée par les simples qui, lorsque bouillis dans de l'eau ou dans d'autres liqueurs comme le vin, le vinaigre et le sérum, y laissent leur substance et pouvoir. Durant la cuisson, ils perdent leurs parties mauvaises et gardent les meilleures[150].

Infusion : à la différence de la décoction, il s'agit de verser du liquide chaud (eau, vin, bouillon) sur une plante pour un temps bref. Le choix entre la décoction ou l'infusion dépend du simple.

Sirop : infusion ou décoction sucrée avec du miel ou du sucre, de consistance moins dense que le sirop actuel, car préparé avec une partie et demi de décoction pour une partie de sucre. Simple ou composé (en fonction du nombre d'ingrédients requis pour sa préparation), le sirop est préparé au printemps, saison qui favorise la cueillette des simples.

Les sirops sont des liqueurs potables inventés par les médecins pour préparer, cuire et fondre les humeurs déficitaires de notre corps.

[150] Antidotario, 1639, page 216.

Certains agissent sur la bile, d'autres sur la mélancolie, d'autres encore sur le flegme[151].

Julep : composition sirupeuse plus dense que le sirop mais moins chargée en sucre que le sirop actuel. De l'arabe djulab.

Vin médicinal : il s'agit d'un simple mis à macérer dans le vin. Le vin de thériaque, par exemple.

Vinaigre médicinal : même procédure que pour le vin médicinal.

Huiles : obtenues par pression, par décoction ou par effet de la chaleur. Elles sont « simples » lorsqu'elles sont issues d'un seul ingrédient (huile d'olive, huile d'amande) et composées quand elles sont préparées à partir de plusieurs éléments. Elles peuvent être utilisées en usage interne, pour assaisonner ou boire, ainsi qu'externe, pour oindre les plaies, pour fabriquer les cataplasmes et les emplâtres.

La recette de l'huile de scorpions est la suivante : bouillir dans huit onces d'huile 50 scorpions jusqu'ils fondent. Il faut la préparer l'été, idéalement en août et la garder pour oindre les pestiférés et contre tout poison. Le plus rapidement possible, tu dois oindre avec de l'huile de scorpions et avec de la thériaque les pouls, les tempes, les mains, les pieds, les narines, la gorge, la poitrine.[152].

L'huile des scorpions est la plus indiquée au traitement de la peste. Elle se prépare avec des scorpions vivants (entre 15 et 50 en fonction des recettes) qui peuvent être cuits dans l'huile ou placés au soleil.

Huile de scorpions simple : prendre 30 scorpions vivants de taille moyenne au début du Soleil en Lion. Les placer dans un vase de verre,

---

[151] Idem, 1639, page 149.
[152] Marsilio Ficino, cité, 1523, page 42.

recouverts par deux livres d'huile d'amande amère. Couvrir et mettre au soleil pendant 30 jours. Passer par une passoire.

Huile de scorpions complexe : prendre de l'huile d'amande amère, de l'aristoloche, des écorces des racines de câpres, du cyperus esculentus et de la gentiane et les placer au soleil pendant 20 jours dans un vase bien bouché. Au bout de 20 jours, mettre dans le vase 15 scorpions gros vivants, reboucher et placer de nouveau au soleil. Passer le composé par une passoire[153].

Solides

Électuaire : pâte administrée oralement. Les simples sont triturés et mélangés avec du sucre, du miel, du vin, des fruits et parfois des gommes et des résines. Cette dénomination vient du verbe latin *eligere*, choisir, car le choix des simples est la première garantie d'un rendu parfait. La thériaque, le mithridate et le discordeon sont les trois principaux électuaires dans la lutte contre la peste.

Les électuaires sont des médicaments composés par plusieurs simples choisis et préparés avec du sucre, ou du miel, ou du sirop, qui sont ajoutés pour conserver, purifier et pour mitiger l'amertume des épices. Les effets et les qualités des électuaires sont nombreux. Certains sont apaisants, d'autres opiacés, antidotes, cordiaux, stomachiques, expectorants, hépatiques. Les électuaires contre les poisons sont le mithridate et la thériaque, dans lesquels il y a de l'opium[154].

Trochisque : ou *pastilli*. Les trochisques sont préparés avec des simples réduits à leur consistance pâteuse par des liquides ou sirops et ensuite séchés. Confectionnés sous une forme carrée ou ronde. Leur nom provient du grec *troxos*, roue.

[153] Antidotario, 1639, page 263.
[154] Idem, 1668, page 26.

Les trochisques sont ainsi nommés pour leur forme ronde, circulaire comme une roue. Ils peuvent même être préparés en d'autres formes : carrés, triangulaires et même à forme de branche d'olivier. Ils curent l'estomac, le cœur, les reins, la rate, les fièvres[155].

Pilule : on l'obtient en réduisant la préparation médicinale en une masse ronde et petite, plus simple à administrer.

Les pilules sont composées par plusieurs simples triturés et préparées avec des sirops, des sucs ou d'autres liqueurs en forme de pâte. Elles purgent la bile, le flegme et l'atrabile[156].

Opiate : *ce nom, qui vient originairement sans doute de ce que le remede dont il s'agit contenait de l'opium, est donné aujourd'hui indistinctement à un électuaire magistral quelconque, soit qu'on y fasse entrer de l'opium, soit qu'on n'y en fasse point rentrer. Le nom opiate signifie donc électuaire magistral*[157].

Confits : Fleurs, fruits, herbes, racines, écorces, préparés avec du sucre ou du miel afin de les rendre plus agréables à prendre. C'est environ la même préparation des confitures actuelles.

Poudres : formées par des simples finement triturés et passés par les tamis. On les administre dans des breuvages de diverse nature.

Usage externe

Pommade ou onguent : le simple est mélangé à un corps gras.

Emplâtre : médicament étendu sur une toile ou sur des peaux fines, adhésif, qui soigne *les maux placés en dehors du corps, qui*

---

155 Antidotario, 1639, page 175.
156 Idem, 1639, page 201.
157 Diderot et D'Alembert, *Encyclopédie ou Dictionnaire raisonné des sciences, des arts et des métiers*, tome 23, Genève, chez Pelet, rue des Belles Filles, 1778, page 776.

sont par eux attaqués. Il doit demeurer stablement appliqué sur le corps.

Cérat : mélange de cire et huile.

Onguent : masse pâteuse préparée avec de l'huile, de la cire, de la graisse et des gommes. Il se nomme onguent pour l'action d'oindre.

Cataplasme : on rajoute à l'onguent une substance plus dure comme de la farine ou de l'herbe.

Sinapisme : cataplasme qui utilise la farine de moutarde au fort effet rubéfiant.

Épithème : existe en trois sortes selon sa consistance. Liquide, à badigeonner sur une partie du corps (huile, eau distillée, vinaigre, décoction, préparation mercurielle à base de plomb ou arsenic), sec (poudre formée par des simples triturés dans un linge qu'on applique sur le corps) ou mou comme un cataplasme. L'épithème est destiné à être placé dans la région de l'estomac, du cœur et du foie.

Vésicatoire : médicament appliqué sur la peau en vue d'y provoquer des vessies et des ampoules.

Comme évoqué, la matière première (le simple) jouit de qualités qui lui permettent d'être utilisée pour un chemin thérapeutique particulier, tant comme ingrédients d'un polypharmaque que comme médicament. A l'instar des humeurs, des tempéraments, des aliments et des maladies, les quatre qualités (la froideur, l'humidité, la sècheresse et la chaleur) se déclinent en quatre degrés de force. Sur la question des qualités, les traités médiévaux sont paradoxalement semblables : les degrés attribués aux simples varient de très peu entre un ouvrage et l'autre, même si leur publication est chronologiquement très lointaine, même de siècles. Quant aux propriétés thérapeutiques, il se peut que les attributs médicinaux d'une herbe ou d'une épice soient contenus dans une seule partie du simple (fleurs, feuilles, racines, fustes, écorces) ou bien dans son intégralité. A ce propos, Galien pensait que certains simples jouissaient d'un pouvoir unique qui se sublimait dans toutes leurs parties et d'autres démontraient des qualités différentes en fonction de leur fraction. Il est aussi possible que les différentes portions de la plante servent à des usages complètement distincts. Quant à la posologie, cela varie ordinairement en fonction de la gravité de l'affection et de l'âge du patient. Giovanni de Noto, en 1398, insiste sur un dosage réduit de la moitié pour les enfants en dessous de 14 ans et à un quart pour les petits jusqu'à sept ans. La médication est interdite pour les nourrissons, pour lesquels des massages de la région du cœur et du ventre suffiront.

Avant de s'aventurer sur le terrain complexe des recettes et des recommandations thérapeutiques anti peste, un bref glossaire demeure indispensable à la compréhension des vertus estimées des simples et de leur action thérapeutique.

Abortif : qui provoque l'avortement.

Agglutinant : qui recolle des humeurs divisées.

Alexitaire : alexitaire ou alexipharmaque *sont des remèdes qui attirent le venin, par une familiarité qu'ils ont avec luy, mais ils diffèrent des autres en ce que quand ils l'ont attiré, le ruinent et le dissipent comme la thériaque et le mithridate*[158].

Antidote : contre les poisons.

---

158 Pigray Pierre, *Epitome des preceptes de medecine et chirurgie, avec ample declaration des remedes propres aux maladies*, Rouen, chez Clement Malassis, 1658, page 695.

Antispasmodique ou spasmolytique : même indication actuelle, la lutte contre les spasmes musculaires et les contractions, surtout dans la région pelvienne et génito-urinaire.

Apéritif : dilatent les vaisseaux et facilitent la circulation humorale. Ils « ouvrent ».

Apotropaïque : qui conjure le mauvais sort.

Astringent : qui resserre les tissus et les vaisseaux en stimulant la coagulation. Très important dans la thérapeutique de la peste, pour resserrer les pores de la peau afin d'éviter les miasmes.

Attractif : qui détient le pouvoir d'attirer les humeurs dispersées.

Balsamique : la définition actuelle serait « médicament qui soigne ou soulage ».

Béchique : antitussif.

Carminatif : qui résorbe les gaz intestinaux.

Céphalique : contre les migraines et les céphalées.

Cholagogue : qui stimule l'évacuation biliaire.

Constrictif : qui contraint les humeurs dans un lieu ou une blessure à cicatriser. La signification n'est pas bien déterminée.

Cordial : ce qui redonne les forces, la santé et la vigueur. Stimule les fonctions cardiaques, hépatiques et cérébrales. Agit sur les « passions cardiaques ».

Corroborant ou corroboratif : *roborantia*, fortifiant et tonique.

Diurétique : ou *uretico*, qui facilite l'évacuation de l'urine.

Emménagogue : qui stimule le flux sanguin dans la région pelvienne et l'utérus.

Emplastico : qui facilite la suppuration.

Expectorant : qui facilite l'expulsion du mucus.

Fébrifuge ou antipyrétique : contre fièvre.

Hémostatique : qui arrête les hémorragies.

Incisif : qui divise et réduit les humeurs.

Maturatif : accélère la suppuration.

Mollifiant, émollient : aide à mollifier, à donner une consistance plus molle.

Mondificatif : nettoyant des plaies.

Purgatif : *expurgantia*, qui aide l'évacuation des humeurs.

Résolutif : qui calme et attenue une inflammation.

Révulsif : médicament provoquant la formation d'ampoules cutanées.

Rubéfiant : qui produit sur la peau une congestion passagère.

Rupteur : qui accélère la rupture du bubon ou d'une tumeur.

Sédatif : qui entraîne une réduction de l'anxiété.

Sialagogue : qui stimule la sécrétion salivaire.

Soporifique : narcotique, qui induit le sommeil.

Stomachique : pour faciliter la digestion. Stimulant de l'appareil digestif. Préparation resserrante.

Sudorifère : stimule la production de sueur.

Tonique : qui relève la fatigue et le manque de tonus.

Vulnéraire : qui soigne les plaies et les blessures.

Electuarium de Tribus Adverbius : cito, longe, tarde. C'est à dire se retirer bien tost du lieu infecté, aller bien loin et revenir tard[159].

[159] *Advis sur la peste*, 1606, cité, page 62.

Le mithridate, véritable panacée de la santé

Mortua dat vitam, que mortem viva dedisset
Andromaque

L'imagination déployée dans les recettes pharmaceutiques des praticiens, entre le XIVe et le XVIIe siècles, est étonnante pour la variété et la fantaisie des compositions officinales. Les polypharmaques se fondent sur une profonde connaissance des doctrines humorales et sur l'action synergique des simples les composant. Dans le cas de la peste aussi, les simples utilisés pour leur propre action individuelle s'alternent aux préparations « magistrales » inventées par le *magister medicus* qui adapte sa formule à la complexion du malade, ainsi qu'aux confections « officinales », relatées dans le formulaire et donc canonisées. La renommée d'une préparation magistrale peut lui conférer l'intégration dans une pharmacopée, en la haussant au rang d'officinale. Les recettes sont construites autour d'un nombre élevé de simples issus des trois règnes : les qualités propres aux simples sont ainsi supposées s'entraider afin d'accéder au but thérapeutique souhaité, grâce au pouvoir donné par la somme des facultés de tous les composants. En réalité, si la plupart des simples végétaux peuvent avoir une réelle fonction phytothérapique, les matières premières du règne animal et minéral sont souvent fondées sur une approche psychologique de la maladie qui fait appel à la magie, à l'astrologie, au mystère, ce qui est encore d'actualité de nos jours. Parmi les médicaments suggérés par les auteurs, le mithridate et la thériaque sont les deux électuaires et alexipharmaques qui ont inspiré tous les praticiens entre l'antiquité et le début du XIXe siècle, définis comme les suprêmes panacées de tous les maux et les plus puissants antidotes, notamment contre la peste.

Le Mithridate est de vertu et de complexion peu différent de la Thériaque, bien que cette dernière soit un peu plus chaude et puissante par les venins des serpents. Le Mithridate est salutaire pour les états d'âme, pour la frigidité féminine, pour le mal caduc, la migraine, l'apoplexie, le mal d'oreilles et de dents. Il aide contre la paralysie, l'asthme, le crachat de sang, la pneumonie. Il est vaillant contre les infirmités du foie, de la rate, de l'estomac, des reins. Il aide le sommeil, casse la pierre, cure tous les maux de la matrice et la dysenterie, fait venir les purges aux femmes, profite aux douleurs de l'arthrite, à la goutte et à la sciatique. Il soigne les fièvres quotidiennes et la quarte. Sa dose est la même de la thériaque, à laquelle il est semblable dans l'âge et la conservation[160].

Le mithridate précède et inspire la thériaque. Selon la légende, le roi du Pont, Mithridate VIe dit le Grand (132-63 av. J.-C.), développe une crainte pour sa propre sécurité suite à l'assassinat de son père. La nécessité de se défendre forge en lui une parfaite connaissance des poisons et des antidotes. Le mithridate serait donc un contrepoison de son invention afin de s'immuniser et de soigner un éventuel empoisonnement. Lorsque Mithridate est effectivement renversé par son propre fils et tente de se suicider, le poison ne fait pas effet : il est donc contraint de se faire achever par son garde du corps. Selon Pline l'Ancien, dans son « Histoire Naturelle », Mithridate mêlait à tous ses antidotes du sang des canards du Pont, qui se nourrissaient de poisons. L'accoutumance aux poisons se nomme effectivement « mithridatisation ».

Pour protéger le cœur, le menu peuple se peut servir du vray Mithridat, qui est fort recommandable pour son antiquité, pour l'autorité qui lui a été donnée par ce prince qui l'a inventé et en a souvent usé, pour être

[160] Antidotario, 1639, page 72.

fort aisé à préparer, peu mixtionné, de peu de frais et de grande efficace[161].

De couleur rougeâtre, il sent l'assa-foetida et est réputé moins puissant, mais aussi moins cher que la thériaque. La recette du mithridate fournie est issue de deux ouvrages du XVIIe siècle, qui emploient sensiblement les mêmes ingrédients, en dépit de l'origine géographique différente des deux apothicaires. Le mithridate, l'un des principaux préservatifs et curatifs contre la peste, doit être conservé dans un pot en étain.

1623 : Baldassar e Michele Campi, *Nuovo discorso col quale si dimostra quale sia il vero mitridato*, Lucca, Ottaviano Guidoboni.

1689 : Rigaude Barthe, *La composition de la thériaque, du mithridate, des confections d'alchermes et de l'opiate de Salomon faite directement dans l'hôtel de ville de Toulouse*, Toulouse, chez Dominique Desclassan.

Les ingrédients du mithridate diffèrent très peu de ceux de la thériaque, la seule grande différence est l'absence de la chair de serpent. Le médecin romain Aulus Cornelius Celsus (1er siècle de notre ère)[162], indique 33 ingrédients dans le mithridate. Les apothicaires du XVIIe siècle, dont les ouvrages me servent de sources, affichent 50 éléments. Les observations explicatives de chaque simple sont pour la plupart issues des documents utilisés.

Seseli marsiliensi, seseli de Marseille ou seseli tortueux : graines. Diurétique, antitussif, contre pestilence et poisons. *Le seseli a des sucs amères et austères. Il éclaircit la vue, extermine*

---

161 *Advis sur la peste*, cité, 1606, page 53.
162 Anawati, Georges, *Le Traité d'Averroès sur la thériaque et ses antécédents grecs et arabes*, Quaderni di studi arabi, Vol. 5/6, (1987-88), pp. 26-48, 23 pages, Instituto per l'Oriente, CA Nallino.

les vers et fait que bien mieux on digère (École de Salerne). *Corroborant, apéritif, chaud 3e, sec 3e, attractif.*

Opobalsamum : c'est une résine liquide qui coule des incisions de l'arbre du baume. Liqueur précieuse qui peut être remplacée par l'huile de muscade, l'huile de pépins de cédrat ou le baume occidental. Très difficile aujourd'hui de définir précisément l'origine botanique du baume occidental : probablement, il pourrait s'agir d'une espèce Liquidambar, introduit en Europe depuis l'Asie. Parmi toutes les sources analysées, il n'est jamais mentionné avant le XVe siècle. *Cordial, balsamique, astringent, chaud, sec 2e, arrête les vomissements et les passions hystériques.*

Résine odorante qui coule de l'écorce d'un arbrisseau (Commiphora Opobalsamum) qui se trouve en Arabie, bien que les anciens pensassent que sa patrie était la Judée (baume de Judée), ou encore l'Égypte. Le baume est blanc lors de son extraction, ensuite il prend une couleur dorée et la consistance du miel. Très utile pour soigner l'asthme, la phtisie, les ulcères et pour guérir les plaies. Dans la Genèse 37. 25 on en parle comme l'une des choses les plus précieuses qui produit le pays de Canaan. Il est rare et cher. Sa présence dans la thériaque est probablement seulement nominale[163].

Storace calamita, Styrax : résine odoriférante issue de l'arbre Styrax qui se présentait en masses formées de larmes blanchâtres et empâtées comme des graines d'amandes. De cette forme, son nom de *styrax amygdaloïde*. On l'appelait aussi *styrax calamite* parce qu'il se vendait souvent enveloppé dans une feuille de roseau (*calamus*)[164]. *Digestif, maturatif. Chaud, sec, antitussif.*

---

163 Jaucourt, *L'Encyclopédie*, 1e edition, 1765, Tome 2, pages 510-511.
164 *Quelques mots sur l'origine du styrax calamite des Anciens*, M. J. E. Planchon, Bulletin de la Société Botanique de France, Vol. 4, 1857, Issue 6, page 658.

Galbanum pure : *Le galbanum est le jus d'une espèce de Férule qui croist en Syrie. La bon Galbanum est cartilagineux, pur, gras, ne retirant rien du bois et a quelques graines ou quelques pièces de férule mêlées parmy : ayant une odeur fâcheuse, n'estant ny trop humide ny trop sec. Pour laver le galbaneum, il faut le jetter dans l'eau bouillante, car éstant fondu toutes les ordures et la crasse nageront sur l'eau. Il est chaud au 2e degré et sec au commencement du 2e. Antispasmodique, expectorant, carminatif, mollifiant, attractif*[165].

Opoponax chironius-myrrhe : il s'agit d'une plante de la famille des *Apiaceae* de laquelle on extrait une résine liquide de couleur dorée, considérée comme chaude et sèche, mollifiante, apéritive, emménagogue et indiquée pour l'asthme et l'hystérie.

Costi, *costus arabicus dulcis* : selon les apothicaires de Toulouse, il en existe trois espèces, arabique, syrien et indien. Aromatique et odorant, stomachique, hépatique, chaud et sec. *Racine d'un arbre semblable au sureau. On l'utilise dans la thériaque, pour fortifier l'estomac, aider la digestion et promouvoir l'urine et les menstruations*[166]. Chaud 4e, apéritif, corroborant.

Stoechas arabique, *Lavandula stoechas* : *Il s'agit d'une sorte de lavande française, qui prend son nom des îles Stoechades près de Marseille*[167]. Chaud et sec. Bon contre les maladies froides, purge la bile, combat les infections, réduit l'anxiété et traite les maladies digestives d'origine nerveuse. *Froid, constrictif. On utilise les fleurs. Purgatif, corroboratif.*

---

[165] *Traité de la thériaque et du Mithridat*, par Nicolas Hovel, Paris, Jean de Bordeaux, 1573, chap. LXX.
[166] *Nuovo Dizionario scientifico e curioso sacro profano* di G. F. Pivati, Tome 2, Venise, 1746, page 691.
[167] Il s'agit des îles d'Hyères : Porquerolles, Port-Cros et l'île du Levant.

Térébinthe de Chypre, *Pistachia Terebinthus L.* : c'est *une résine liquide en forme de baume qui coule des incisions d'un arbre appelé térébinthe, qui croît en Arabie, Judée et Syrie.* Chaude et sèche, échauffe, ramollit, provoque l'urine, guérit la gale, soigne les calculs, la toux et la tuberculose. *Réchauffant, mollifiant, résolutif, astringent, corroboratif, purgatif.*

Poivre long : au goût plus sucré et moins fort que le poivre noir, le poivre long est utilisé encore actuellement en Inde pour des troubles des appareils respiratoire et digestif. Contient la pipérine, qui améliore les fonctions cérébrales, est antidépresseur et antiinflammatoire. *Chaud et sec au 3e degré, apaise les douleurs, donne appétit, provoque l'urine et contre les morsures des serpents.*

Miel très bon vieux et émoussé : *Le miel, au moins jusqu'à l'introduction du sucre de betterave, coutait beaucoup moins que le sucre de canne et pour cette raison il était plus largement utilisé. L'usage du miel est très ancien et de nombreuses préparations pharmaceutiques étaient composées avec le miel, l'hydromel, le miel rosé et violet. On y faisait des liqueurs aromatiques, cordiales, des lotions, des pommades et des savons. Il était aussi utilisé comme désinfectant des plaies et des blessures*[168]. Chaud, expectorant, asséchant. Le miel des électuaires doit être choisi de qualité optimale, toujours émoussé et réduit à la consistance d'un julep.

Sur les 50 ingrédients du Mithridate, ces premiers dix sont les plus importants en poids (une once chacun) et pour la majorité, ce sont des résines. Les éléments suivants requirent un poids en drachmes, donc bien moins important.

---

[168] Conci Giulio, cité, page 99.

Safran, *Crocus sativus L.* : indiqué pour la digestion, réjouit le cœur et cure la peste. Épice anciennement originaire de Grèce. Carminatif, emménagogue, soigne les affections respiratoires. En accord avec la théorie des signatures, à travers sa couleur, on s'en sert contre la jaunisse et les troubles menstruels. *Le Safran réconforte, excite la joie, raffermit toute viscère et répare le foie. Sec et chaud 2e, cordial, sédatif.*

Cassia lignea : *Le cassia lignea est la deuxième écorce du tronc et des branches de certains arbres assez semblables aux canneliers, mais son goût est différent de celui de la cannelle, car il laisse dans la bouche une viscosité. Il a fort peu d'usage dans la médecine, sauf que c'est l'un des ingrédients de la thériaque*[169]. *Chaud 3e sec 3e, desséchant, diurétique, cordial, fortifiant.*

Anis, Anis vert, *Pimpinelle aniseum* : plante aromatique odorante. Tonique, emménagogue, soigne les troubles respiratoires. *L'anis est bon aux yeux, à l'estomac, au cœur. Préférez le plus doux, c'est toujours le meilleur*[170]. *Chaud, desséchant, apéritif, digestif, incisif.*

Cardamome, *Elettaria cardamomum*, Cardamome verte : soigne la tuberculose, aide la digestion. Il est considéré comme un antidote aux venins des serpents et des scorpions. *Chaud 2e sec 3e.*

Myrrhe en larmes : chaud et sec 2e. Indiquée pour la toux, la respiration, le flux de ventre. Résine issue en larmes de l'écorce de l'arbre *Commiphora Myrrha*, présent dans la péninsule arabique et au nord-est de l'Afrique. Aujourd'hui utilisée en teinture ou en huile essentielle, pour soigner les irritations de la

[169] *Histoire générale des drogues simples et composées*, Pierre Pomet, Tome 1, Paris, 1735, page 146.
[170] *L'art de conserver sa santé*, cité, page 54.

bouche et de la gorge. Cicatrisante, antiinfectieuse, contre les hépatites. *Mollifiante, apéritif, purgatif, corroborant.*

Spica celtica, Valériane celtique, nard celtique : plante de montagne, sédatif, fortifie estomac, provoque l'urine, guérit les inflammations des organes internes et des viscères et surtout agit contre les morsures des bêtes venimeuses. *Racine, chaud 1e, sec 2e, constrictif.*

Gentiane : plante de montagne dont on se sert de la racine. Considérée comme chaude, sèche, astringente, bonne contre les douleurs de foie et d'estomac. Apéritive, attractive et purgative. Indiquée contre les poisons, vermifuge et résiste à la pourriture. Tonifiante et antiinflammatoire. La gentiane est désormais protégée.

Aristolochia tenue, *clématis,* aristoloche tenuis, petite aristoloche : racine *analgésique lors de l'enfantement.* Arthrite, goutte, rhumatismes. Apéritif, attractif, purgatif. Andromaque demande qu'uniquement la véritable Aristolochia soit utilisée dans la thériaque. Chaude, sèche, résiste aux venins, vulnéraire.

Polio montano, *polium montanum luteum* ou vulgare : *Il faut l'utiliser sec, bien garni de fleurs, jaune, odorant. Ses sommités sont apéritives, céphaliques, sudorifiques, vulnéraires, diurétiques*[171]. Sec 3e chaud 2e.

Gomme arabique : sève solidifiée d'un arbre de la famille des Acacias. Aujourd'hui utilisée pour des pathologies cutanées, pour des troubles digestifs et comme antitussif. *Astringent, réfrigérant.*

Sagapenum : gomme résine issue de la férule Persica, à la forte odeur d'asa foetida, de couleur jaunâtre. Antispasmodique,

---

[171] *Dictionnaire universel des drogues simples*, Paris, 1769, page 700.

vermifuge, purgatif. *Liqueur congelé, chaud, mollifiant, digestif, maturatif, attractif, purgatif, chaud 3e, sec 2e, contre maladies des nerfs et mal de poitrine.*

Carpobalsamum : *Fruit de l'arbre balsamum. Baie oblongue d'un goût et d'une odeur agréable. On n'en trouve pas dans les boutiques. Celui qu'on vend d'ordinaire n'est que du poivre de la Jamaïque. Il est regardé comme stomachique, cordial et propre à fortifier*[172]. *Follicule chaud sec.* A défaut on peut utiliser le cubèbe (*Piper Cubebe*), qui est une épice indienne issue de baies de la même famille du poivre. Antiseptique, antitussif, diurétique, tonifiant, carminatif. *Fleur chaud sec 3e.*

Agaric : *On connoît en pharmacie sous le nom d'Agaric trois substances différentes par leurs propriétés, l'usage et les préparations qu'on doit en faire. L'agaric blanc est un fungus qui croît sur les troncs des vieux mélèzes. Il fait partie du règne végétal, mais on ne se sait pas si c'est une excroissance, un fruit ou une racine de l'arbre. On le trouve en masse arrondie dans la taille d'un œuf jusqu'à celui du poing. L'usage de cet agaric est fort ancien : les premiers Grecs le recommandaient dans les maladies de la tête, l'épilepsie, l'asthme, la sciatique et dans toutes les maladies liées à l'abondance de pituite. Le plus grand nombre de médecins arabes l'emploie comme purgatif. Aujourd'hui il n'est que très peu utilisé dans les préparations médicinales, sauf dans les décoctions purgatives. L'Agaric du chêne ou l'agaric spongieux croît sur les troncs de plusieurs arbres. Ce n'est que depuis 1750 que l'agaric spongieux est connu dans la matière médicale pour arrêter les hémorragies. L'usage de cet agaric doit être borné à l'extérieur. L'agaric minéral est une substance calcaire blanche et friable utilisée pour arrêter les hémorragies des plaies et parfois utilisée pour*

---

172 *Encyclopédie de Diderot et D'Alembert*, Histoire naturelle, Botanique, 1er Janvier 1752.

augmenter le lait des nourrices, à la dose d'un scrupule[173]. *Chaud 1e sec 2e, apéritif, céphalique, astringent, purge le flegme et les humeurs grossières et visqueuses.*

Castoreo, castoréum, castoreo animal : *Vessies que les castors ont dans l'aine qui ressemblent à des testicules mais ne le sont pas et contiennent une humeur jaunâtre comme l'huile qui s'endurcit comme de la cire. Chaud et sec.* Il s'agit d'une substance huileuse, produite par des glandes situées entre le pénis et l'anus du castor, qui agit comme une phérormone et lui sert pour marquer son territoire et pour graisser son pelage. Le Castoréum était utilisé tant en pharmacie qu'en parfumerie et son usage était tellement répandu que cela a causé la raréfaction des castors. *Chaud 3e sec 3e, bon contre morsures de serpens et contre coliques.*

Poivre Blanc : selon les apothicaires c'est *le poivre qui a perdu son écorce*. En effet, il s'agit d'un poivre noir débarrassé de son péricarpe. Fortifie l'estomac contre les coliques, résiste aux venins. *Tous les poivres sont chauds et secs 3e, diurétiques et résolutifs. Pour l'estomac le poivre blanc est bon. Il adoucit une toux violente, apaise les douleurs et d'une fièvre ardente détourne le cruel frisson* (École de Salerne).

Opium de Thèbes : considéré comme d'une qualité supérieure à l'opium turc, plus pur de ce dernier et plus ancien, car en Égypte l'opium était utilisé somme sédatif et analgésique depuis l'antiquité. Liqueur qui coule des têtes incisées du pavot (*Papaver Somniferum*). Faculté narcotique. *Lait condensé distillé des pavots, semblable à une gomme, froid 3e, soporifique.*

---

173 *Encyclopédie Méthodique de chimie, pharmacie et métallurgie*. La Pharmacie par Monsieur Maret, Tome 1er, Paris, 1786, pages 614-615.

Apium Macedonico, Bubon macedonico, persil de Macedoine : on utilise ses graines. Contre les infections inguinales, d'où le nom « Bubon ». Sa semence est carminative, diurétique, attractive, emménagogue, alexipharmaque[174]. Apéritif, chaud 2e, sec 3e.

Iris illyrique : glaïeul. Provient de la péninsule balkanique et soigne les furoncles et la migraine. Astringent, diurétique et expectorant, apéritif, attractif, soporifique. Pour les apothicaires de Toulouse, l'iris *subtilise les humeurs qu'on a de la peine à cracher, contre phtisie et asthme, purge le flegme*. Indiqué pour les emplâtres. *Chaud 3e, sec 2e*. On se sert de sa racine.

Gingembre, *Zingiber officinalis* : *Racine d'une plante qui croît en Inde, chaude et sèche. Apéritif, digestif, résiste à la pourriture. Avant la crise, prenez de gingembre une dose, prenez-le même après ; s'il est réitéré, il déracine un mal invétéré et guérit le dégoût que la fièvre vous cause* (École de Salerne). D'un usage très ancien, il est indiqué pour de nombreuses affections : tonique, antiinfectieux, antiviral.

Scordium véritable, ail sauvage, *allium orsinum* : estimé comme doté de la vertu d'expulser les poisons, de soigner les morsures d'animaux venimeux et de guérir des parasitoses intestinales. Ses feuilles ont l'odeur de l'ail, croît dans les lieux marécageux, provoque l'urine, ouvre les obstructions du foie et de la rate, bon contre la peste. *Cimes fleuries, chaud, mollifiant, apéritif.*

Dictame de Crète, *Amaracus Dictamus Benth* : aide les voies respiratoires, emménagogue, antiseptique, cholagogue. *Chaud 3e et sec 2e. Feuilles et sommités fleuries.*

---

174 *Démonstrations élémentaires de botanique à l'usage de l'école royale de vétérinaire*, Lyon, 1766, page 253.

Calami aromatici, acoro vero, acore odorant ou schoenante : *Jonc odorant, plante d'Afrique et d'Arabie bonne pour les douleurs d'estomac, les poumons, le foie, les reins et la goutte. Tonique, apéritif, stimulant, expectorant, diurétique, astringent, corroboratif, bon contre les morsures de serpens.* Plante aquatique à usage médicinal dont on utilise les tiges, les fleurs et les racines : dans la thériaque il était utilisé jeune et aromatique. *Chaud 2e, sec 2e.*

Phù : *On pense que le Phù s'appelle ainsi pour la triste odeur qu'il émane, pour laquelle celui qui la sent ne peut que s'écrier « phù ». Le véritable et parfait phù nait en Calabre. Réchauffant, diurétique, antidote, antidouleurs. Les racines du phù préservent des morsures des animaux venimeux, de la pestilence et du mal caduc*[175]. *Chaud sec 3e.* Il s'agit de la Valériane majeure (Grande valériane) ou mineure (Valériane sylvestre) selon les auteurs. Toutefois, la plus importante vertu actuellement reconnue à la valériane est sa qualité sédative, que les sources ne mentionnent pas.

Cinnamoni, cannelle : selon les apothicaires toulousains, *il s'agit de l'écorce intérieure et plus mince de l'arbre qui pousse dans l'ile de Zeilan. Chaud et sec 3e, facilite accouchement, provoque mois aux femmes.* Depuis des millénaires, dans les médecines ayurvédique et chinoise, cette épice est considérée comme un simple aux mille vertus. Troubles digestifs et respiratoires, antifongique, antiinflammatoire et antifatigue. *Bon contre morsures de bêtes venimeuses et contre la peste.*

Dauco cretico : *Ses semences sont utilisées pour dissoudre la pierre de la vessie, elles sont aussi bonnes dans les affections de*

---

[175] *Teatro farmaceutico dogmatico e spagirico del dottore Giuseppe Donzelli,* Roma, 1677, page 229.

l'estomac et de la matrice. Chaud 3e. Atténuantes, incisives, carminatives, apéritives, emménagogues et diurétiques[176].

Folii indi, folio malabatro, folium malabatrum ou feuille indienne : *Ses vertus sont apparentées à celles du nard mais il est estimé comme plus efficace, diurétique et stomachique. Diffère de la cannelle mais son odeur lui est semblable. Chaud 3e, sec 2e, en feuille.*

Spica-nardi ou Nard Indien : racine d'une plante des montagnes des Indes. Propriétés stomachiques et sédative. *Racine, chaud 1e, sec 2e, astringent, corroborant, diurétique.*

Fenouil, *Foeniculum vulgare* : Saveur proche de l'anis. *Bon contre serpens*. On en utilise les graines. *Chaud 3e, sec 1e.*

Le fenouil fait en nous quatre effets différents :
Il purge l'estomac, il augmente la vue,
De l'urine aisément il procure l'issue,
Du fond des intestins il fait sortir les vents ;
Mais sa graine a surtout la vertu singulière
De les pousser par le derrière[177].

Thlaspi : *On connaît une quarantaine d'espèces de Thlaspi, parmi lesquelles nous nous bornerons à citer le Thlaspi Bursa Pastoris, vulgairement tabouret et le thlaspi des champs, Thlaspi arvenese. Tous deux sont légèrement diurétiques et antiscorbutiques, mais négligés de nos jours par les médecins*[178]. *Graines, chaud 3e, sec 3e attractif, fortifie l'estomac pour la digestion.*

Encens : Bon pour les dysenteries et pour diverses maladies de la poitrine (toux, vomissements). Chaud 2e, sec 3e. Résine de l'arbre *Boswella sacra*, l'encens ou oliban est originaire de

---

176 *Histoire universelle du règne végétal*, Tome 1, Paris, 1775, page 138.
177 *L'art de conserver sa santé*, cité, page 54.
178 *Encyclopédie du XIX siècle*, tome 24, Paris, 1842, page 23.

l'actuel sultanat d'Oman. Indiqué dans l'asthme et dans la maladie de Crohn.

Hipericon, Hypericon, Millepertuis perforé : vulnéraire, antihémorragique et antalgique. Contre venins. *Chaud, sec, balsamique, apéritif, on utilise ses cimes lorsqu'elles fanent.*

Suc d'acacia : suc issu des gousses de l'arbre *Acacia Foilio Scorpioidis Leguminosoe*. Épais, gommeux, brun, d'une consistance ferme et dure et d'un goût astringent. *On nous l'apporte d'Égypte par Marseille. Fait cesser les vomissements et arrête les hémorragies*[179]. *Froid 2e, sec 3, indiqué pour la perte des forces et pour refermer la matrice relâchée.*

Suc d'hypocistis, Cytinus hypocistis, Cytinelle : plante parasite de la racine du cyste. Le suc se prépare en pressant la plante. Astringent. *Réfrigérant, froid et sec, contre les pertes immodérées des femmes.*

Meum athamanticum, Cerfeuil des Alpes, Fenouil de montagne, Fenouil des Alpes : plante de montagne, les racines et les graines sont estimées comme stomachiques, carminatives, diurétiques, emménagogues. *Chaud 3e, sec 2e.*

Roses rouges séchées : *Cordiales et astringentes, froides et sèches, fortifient le cœur, le foie, l'estomac, apaisent les douleurs qui viennent de la chaleur, contre le crachement de sang et les dysenteries*. Apéritif, *roborantia.*

Vin : Très bon, antique, doux et généreux, comme le Malvasia de Candia. *Blanc, chaud, corroborant, narcotique, desséchant, balsamique et cordial.*

---

179 *Dictionnaire raisonné des sciences, des arts et des métiers*, Diderot et D'Alembert, 1/49, 51751-1772°

Les ingrédients énumérés jusqu'ici sont communs à la thériaque. En revanche, la quantité d'opium est bien moindre. Les quatre composants suivants ne sont propres qu'au mithridate.

Raisin sec de Damas : mollifiant et antitussif.

Bdellium : *Liqueur congelée d'un arbre sarrasin, au goût amère, transparent et gras*[180]. Chaud au 1er degré, le bdellium est considéré mollifiant, résolutif et attractif (en usage externe). En usage interne, il est indiqué contre les problèmes de poitrine, d'intestin et de vessie et contre les morsures des serpents.

Trochisques de cyperus : leur ingrédient principal est le *cyperus esculentus*, ou souchet. Ses feuilles sont semblables au poireau, mais plus longues et fines. Ses racines s'utilisent en médecine, *elles sont semblables aux olives, rondes, noires, amères et odorantes. Elles provoquent l'urine et les menstruations, soignent l'hydropisie, contre les ventosités et les piqures des scorpions*[181]. Protéinés, riches en fibre, au goût d'amande. Les trochisques sont chauds, cordiaux, indiqués pour les migraines, les ulcères et les organes internes.

Schinchi marini : d'après Ottaviano Targioni Tozzetti[182], en 1821, *ce sont des espèces de lézards à écailles blanchâtres, par erreur considérés comme marins, que Linné appelle « lacerta cauda brevi mediocri ». Ils font partie intégrante de la thériaque et du mithridate selon les recettes anciennes*. Toutefois, les sources sur la thériaque que j'ai observées ne les recensent aucunement. Targioni Tozzetti affirme que les *scinchi marini* n'étaient plus introduit dans les deux électuaires depuis plusieurs décennies ; leur rareté ne les rendait visibles que *sur les*

---

[180] Antidotario, 1639, page 311.
[181] *I discorsi di M. P. A. Matthioli Senese*, Venezia, 1621, page 23.
[182] Targioni Tozzetti Ottaviano, *Lezioni di materia medica*, Firenze, 1821, page 138.

affiches ostentatoires des apothicaires qui les fabriquaient. Il leur attribue des vertus diurétiques et aphrodisiaques. Chauds, secs et balsamiques.

Outre à sa force merveilleuse contre les venins, le mithridate est bénéfique pour toutes les parties internes de notre corps. Aux catarrhes qui tombent sur la poitrine et sur l'estomac. Soigne les phtisies, les ventosités du corps, la faiblesse de l'estomac, rend l'appétit perdu et donne un bon teint. Soigne aussi les difficultés d'urine, les vieilles ulcères internes, casse la pierre, réconforte la vue, provoque les mois aux femmes et rend les stériles fécondes. Le mithridate chasse du corps la créature morte, soigne les fièvres avec tremblements, les sciatiques, les gouttes et toutes les infirmités nerveuses[183].

Un autre électuaire antiépidémique largement vanté par nos sources est le *discordeon*, vraisemblablement inventé par Jérôme Fracastor. La recette du discordeon est apportée par les deux frères apothicaires de Lucca, au XVIIe siècle.

Spicilegio botanico, Dialogo di Baldassar e Michele Ciampi di Lucca, Lucca, Francesco Marescandoli, 1654, BNF.

Nuovo discorso col quale si dimostra quale sia il vero mitridato, di Baldassar e Michel Campi, aromatari e cittadini lucchesi, Ottaviano Guidoboni, 1623.

Le discordeon (*di+scordeon* = à base de scordeon) est préconisé contre les hystéries, les palpitations cardiaques, les migraines, ainsi que pour tout mal réel ou inventé qui touche les hypocondriaques. C'est un *sédatif des passions de l'âme*, redonne vigueur aux esprits, contraste la malignité des poisons, contre la dysenterie, l'ictère, emménagogue, corroborant. Sur les 19 simples formant le discordeon, uniquement les quatre suivants

---

183 Menegacci Vendramino, *La theriaca et il mithridato composti in Vicenza*, Vicenza, appresso Perin Libraro, 1587, page SVC.

ne rentrent pas dans la recette du mithridate et nécessitent donc une explication supplémentaire.

Terra lemnia, terre scellée : *Elle s'appelle Terre scellée à cause du sceau imprimé sur les pastilles qu'on en fait.* Terre naturelle argileuse extraite à l'île grecque de Limnos dans la mer Égée. Elle contenait de la chaux de silice et d'aluminium, ainsi que de l'oxyde de fer ; dans l'antiquité son extraction était supervisée par le clergé ; elle devait être rigoureusement pilée dans un mortier en porphyre. Elle avait la réputation de soigner les hémorragies internes et de détenir des pouvoirs anti poison. *Balsamique, astringent, agglutinant, dessicatif, résiste à la corruption et aux venins, fortifie le cœur et la tête. On s'en sert contre la peste, les fièvres malignes et les morsures d'animaux venimeux.*

Bolo armeno, Bol d'Arménie, Bolus armenus : depuis la même île d'où la *terra lemnia* est extraite, provient le Bol d'Arménie, un mélange minéral d'argile et de fer (hématite) qui doit être choisi de couleur rouge fade et réduit en poudre. En vertu de ses propriétés astringentes, le bol d'Arménie s'oppose à la putrefaction et peut servir en prévention. Froid et sec, réfrigérant, agglutinant, hémostatique.

Rumex acetosa, Oseille commune : dépurative, stomachique, diurétique.

Tormentille, Potentille dressée, Herbe au diable : astringente, dessicative, vulnéraire, contre dysenteries, pour consolider les plaies des intestins, résiste à la pourriture, antidote contre peste et venins. *Sec 3e*.

Bistorta officinalis, Renouée bistorte : hémostatique, vulnéraire, tonique.

En dépit de son nom, la quantité de scordeon est bien inférieure à celle d'autre simples contenus dans cet électuaire.

Poivre long, gingembre, miel, confiture et sirop de roses rouges, vin. **Une livre**

Opium, Styrax calamita, Gentiane, Terra lemnia, graines d'oseille. **Une once et demie**.

Cassia lignea, Cinnamomo, Scordeon, Dictame de Crète, Tormentilla, Bistorta, Galbaneum, Gomme arabique. **Demie once.**

Si le discordeon est considéré utile contre la peste, le mithridate est sans exception regardé comme une panacée, en particulier pour les malades les plus modestes. Toutefois, pour tout praticien, qui soit médecin, chirurgien, barbier ou apothicaire, ainsi que pour les usagers de toute classe sociale pendant presque deux millénaires, il n'existe aucun autre médicament semblable à la thériaque.

La Thériaque, reine des électuaires

Poire, Rue, Ail, Raifort, Noix, avec Thériaque, repoussent du venin la dangereuse attaque.

Le pauvre peuple se servira de bon Mithridat et de Theriaque mestez ensemble en prenant durant tout le temps pestilent tous les matins le poids de demy escu. Le Mithridat seul, pourvu qu'il soit bon, leur sera suffisant s'ils ne peuvent recouvrer de theriaque[184].

La puissance de la thériaque est double. D'une part elle est le résultat de la somme des effets de tous les simples la composant et d'autre part, la chair de la vipère lui attribue une capacité homéopathique dans la lutte contre les venins.

Nous conseillons à chacun d'avoir en son logis une once de bonne thériaque afin de n'estre surpris sans remede, tenant ses armes prestes contre la violence de ce mal[185].

La thériaque est un électuaire crée dans l'antiquité. Nicandros de Colophon, médecin à la cour du roi Attale de Pergame (vers 240 av. J.-C.), est l'auteur de deux traités versifiés d'une importance capitale pour la recette de la thériaque. Le premier (*Les Thériaques*) examine les blessures causées par les animaux venimeux et leur traitement. Le second (*Les Alexipharmaques*) traite des poisons et de leurs antidotes. Par son travail, Nicandros est depuis considéré comme le pionnier de la thériaque. Il énumère les serpents venimeux auxquels il est possible de

[184] Le Paulmier Julien, cité, 1580, page 16.
[185] *Traicté de la peste*, cité, 1606, page 34.

recourir dans la préparation du plus grand électuaire[186]. L'aspic, la vipère masculine, le *Cerastes Cornutus*, le *Crotalus Horridus*, le *Sepedon*, le *Dispsos* (*ceux qui sont mordus par le dipsos meurent misérablement des tourments de la soif*), le *Trepidonotus Natrix*, le *Scytale*, l'*Amphisbaena* (décrit comme pouvant se mouvoir en avant et en arrière grâce à ses deux têtes), le *Basiliscus* (*le plus petit mais le plus dangereux ; le basilisque est tellement redoutable que sa seule vue suffit à tuer, la mort frappant immédiatement même ceux qui en voient le cadavre*)[187]. La vipère est néanmoins le reptile favori, le pouvoir mortel des serpents cités étant trop dangereux. C'est Andromaque, le médecin de Néron (1er siècle de notre ère), qui améliore la recette de Nicandros. La thériaque médiévale a ainsi été créée. Claude Galien, un siècle plus tard, conserve la méthode d'Andromaque et relate le poème de ce dernier en l'honneur de sa création. Il dédie son œuvre au noble romain Pison, qui aimait étudier la médecine[188].

Écoute maintenant, ô Roi Néron, je vais te faire connaître la nature de l'antidote, vigoureux dans la lutte contre la mort et contre tout ce qui est mortel. Je vais parler de son caractère tel que les mouvements des maladies, qui ressemblent aux vagues immenses et dévastatrices de la mer, ne l'effraie pas. Cet antidote soulage toutes les souffrances. Celui qui en prend est en sureté contre le suc d'opium, la drogue phonion ne peut lui causer aucun dommage, ni s'il prend la drogue nommée aconit, ni l'absorption de cantharides qui blessent la vessie, ni la morsure des

---

[186] Watson G., *Theriac and Mithridatum. A study in Therapeutic*, London, The Wellcome Theorical Medical Library, 1966.

[187] La *Vipère masculine* et le *Scytale* sont deux dénominations qui ne définissent plus un reptile, le *Cerastes Cornutus* est la vipère à cornes, le *Crotalus Horridus* est l'actuel crotale des bois, qui existe prioritairement aux États-Unis et au Canada. Par la dénomination *Sepedon* actuellement on définit une mouche, le *Dipsas* est un serpent non venimeux, le *Trepidonotus natrix* est une couleuvre, l'*Amphisbaena* est un reptile sud-américain et enfin le *Basiliscus* est un reptile mythologique.

[188] Galien, *Thériaque à Pison*. Anawati, cité, page 30.

serpents mauvais, ni la piqure du scorpion. C'est là la drogue qui sert, ô Roi, contre tous ces poisons.

Averroès, au XIIe siècle, rédige aussi un *Tractatus de Tyriaca.* En 1199 le manuscrit Kitab al-Diryaq, qui signifie « Thériaque de Paris », désormais conservé à la BNF, illustre par des enluminures les bienfaits de l'électuaire. Dans les siècles, la recette est remaniée, les doses et la posologie sont corrigées pour renforcer sa vigueur pharmacologique. « Thériaque » devient aussi la dénomination générale donnée à des électuaires composés par plusieurs simples anti venin. La thériaque par excellence demeure celle d'Andromaque, mais il existe pareillement une thériaque égyptienne, qui diffère pour le nombre inférieur d'ingrédients. De plus, le serpent utilisé par les égyptiens est le Thair, semblable aux vipères, mais ayant la tête plus large, ornée par des cornes blanches.

Moyse d'Égypte aurait énuméré les bienfaits de ce médicament suprême dans la peste d'Antioche. Les grands médecins arabes qui furent souvent des traducteurs (Ibn Mâsawayh, Hunayn ibn Ishâq, Razès, Averroès), s'intéresseront tous aux antidotes. Le médecin français Joseph du Chesne, dit le Quercetanus, né en 1544 et auteur d'une pharmacopée reformée[189], énumère plusieurs thériaques, dont une préparée avec des racines de bryonia et deux autres, qu'il nomme « thériaque bénite » et « thériaque céleste », contenant plus de 100 ingrédients. Le nombre de composants de la thériaque varie en fonction géographique et chronologique, entre les thériaques « des pauvres » et celles « officieuses ». D'autres thériaques sont issues de l'œuvre de Galien (en particulier, de son « *De Antidotis* »), ou de celle de ses commentateurs d'Alexandrie.

[189] Joseph Quercetanus, *La ricchezza della riformata farmacopea*, Venezia, Giovanni Guerrigli, 1619, page 180.

« Thériaque » est une dénomination utilisée comme synonyme d'« électuaire » durant certaines périodes historiques. A ce titre, l'électuaire Orviétan pourrait aussi être considéré comme une thériaque. Composé vers la fin du XVIe siècle à Orvieto, en Italie, l'Orviétan est le parfait synonyme du remède empirique, vendu par des charlatans et des apothicaires itinérants. Cependant, dès la fin du XVIIe siècle les pharmacopées l'accueillent et ses formules déclinent entre 25 et 65 simples. C'est un électuaire proverbial considéré anti peste.

En France et en Italie, l'emploi de la thériaque est à son acmé autour du XVIe siècle. A Naples elle est préparée jusqu'au début du XXe siècle et à Rome jusqu'à l'Entre-Deux-Guerres ; elle figure dans la pharmacopée française jusqu'en 1884. Guy de Chauliac, chirurgien et médecin de trois papes à Avignon, dans son *Collectorium artis chirurgicalis medicinae*, décrit tant la première pandémie que la deuxième, qui touche Avignon en 1360 et qui ne l'épargne pas. Fort heureusement, il fabrique sa « propre robuste thériaque », qui est essentielle à sa guérison, à partir d'une recette d'Arnaud de Villeneuve.

Sa renommée subsiste encore aujourd'hui. La thériaque est sans aucun doute le remède le plus éminent de la pharmacopée médiévale et moderne ; située au carrefour entre médicament et antidote, elle est utilisée tant à but curatif que comme prophylactique, il n'y a que la posologie qui varie. Galien préconise une prise quotidienne préventive pour fortifier le corps et combattre la plupart des maladies : de ce fait, les empereurs romains en prennent régulièrement. L'École de Salerne recommande la thériaque comme antidote mais pour Averroès, plus prudent, sa valeur n'est que curative.

La chair de vipère, remède universel, est l'ingrédient le plus renommé de la thériaque et à défaut d'être le principal en poids c'est celui qui la différencie de tous les autres électuaires. Galien proclame que la vipère est le serpent le plus adapté à la thériaque, *ses chairs étant moins dangereuses de celles de ses semblables* et même considérées miraculeuses. Madame de Sévigné, au XVIIe siècle, consommait de la vipère. Marinée dans le vin (*vino viperato*), dans de l'eau salée (*acqua viperata*), dans le vinaigre (*aceto viperato*), dans les teintures, les sirops, les gélatines, les extraits, la chair d'un serpent venimeux est la garantie d'un parfait antidote contre tous les poisons car elle tolère son propre venin. Dans l'antiquité, les serpents étaient considérés tellement essentiels en médecine que le symbole de l'art, le caducée, attribut du dieu Hermès, était un bâton entouré par deux serpents, allégorie de la guérison des morsures des reptiles venimeux.

Prenez certain nombre de vipères ou des serpents éventrés. Après leur avoir coupé la teste et la queue et osté la peau les taillerez à petits marceaux, lesquels estant bien lavés les mettrez au soleil l'espace de 15 jours au bout desquels il faut distiller (...) et avec cela vous aurez votre quintessence tellement admirable pour la préservation et curation de la peste qu'il n'y a sorte de remèdes qui puissent lui être égalés[190].

La seule condition pour obtenir un dérivé de vipère était celle de placer le reptile vivant dans la substance et de l'y laisser mourir. Pour le sel de vipère, l'animal vivant était placé dans un pot en terre et recouvert de sel ordinaire, de gentiane, d'aristoloche, de centaurée, de cardamome, de rue, de figues séchées et triturés, ainsi que du miel et d'autres simples en fonction du choix de l'apothicaire. Après avoir recouvert le pot (rigoureusement en argile) d'un couvercle, on le calcinait au four. Après l'ouverture et l'évaporation des composants volatils, le sel de vipère était prêt. L'eau thériacale était aussi très indiquée en temps de peste : thériaque, eau, vinaigre, camphre et vin.

[190] Fueldez, 1628, cité, page 30.

La doctrine des signatures en faisait l'antidote par excellence : la vipère, serpent venimeux, ne guérissait pas seulement celui qu'elle avait mordu, mais tout autre mal provoqué par un poison (empoisonnement, morsures d'insectes ou d'animaux venimeux). Le nom thériaque dérive probablement du grec *therion*, « bête sauvage ou brute », bien qu'il soit aussi possible que cela dérive d'un serpent particulièrement venimeux vivant en Israël, le « tyrus », qui était avide de chair d'oiseau. Selon la légende, le jour de la Passion de Christ, un tyrus avait été capturé près de Jérusalem et placé sur la croix : ses chairs auraient ainsi reçu le don d'agir comme un anti poison extrêmement puissant. Ce reptile, impossible ou très difficile à repérer, est ensuite remplacé par la vipère qui, paradoxalement, n'est pas le composant le plus ardu à obtenir. Les apothicaires affrontent des difficultés liées aux choix des drogues et à leur prix, notamment pour les épices venant du Levant. En cas de manque, ils doivent définir des critères sérieux de remplacement. C'est pour cette raison que, malgré la pérennité de la recette essentielle de cet électuaire et en dépit des revendications des auteurs, qui clament une adéquation totale *aux thériaques de Dioscoride, de Galien ou d'Andromaque*, il est bien plus judicieux d'affirmer que sa recette a forcément évoluée en fonction des disponibilités.

La dénomination « Thériaque de Venise » est la garantie suprême pour un produit de qualité à cause de la valeur des simples utilisés. Les vipères utilisées dans la thériaque vénitienne proviennent des Monts Euganéens, la distance de la mer sauvegardant leur chair de la salinité corruptrice. La Sérénissime jouit d'une position commerciale privilégiée qui lui facilite l'acquisition et l'importation d'une partie des simples contenus dans la formule originale de la thériaque. Les épices, les herbes, les simples minéraux et d'origine animale sont chargés sur les galères vénitiennes partant du Levant avec les soieries et les produits exotiques. A la fin du XVIIe siècle, parmi la centaine de pharmacies vénitiennes, deux sont les plus réputées pour la préparation de la thériaque. La *spezieria* « Giorgio Melichio dello Struzzo », au Ponte dei Berettieri, qui était dirigée par l'illustre maître apothicaire Giorgio Melichio, auteur de l'une de mes sources sur la thériaque. Une autre pharmacie vénitienne, « Alla Testa d'Oro », à Rialto, était la seule qui avait le droit de fabriquer sa thériaque trois fois par an. Déjà à la fin du XVIe siècle, cette composition était exportée dans la plupart des pays européens (Espagne, France, Allemagne, Grèce), toujours scellée et accompagnée de documents prouvant son authenticité.

A Venise, comme dans la plupart des autres villes, la préparation de la thériaque était publique. Les maîtres apothicaires du « Collegio della Spetieria », tous les ans, vers le mois de mai, organisaient la cérémonie de sa préparation solennelle. L'espace choisi était décoré luxueusement, des musiciens accompagnaient la fabrication, des scènes placées en hauteur exposaient les outils des pharmaciens, en particulier les pots en verre avec les vipères. Pendant quelques jours, les apprentis et les garçons débitaient, trituraient, pilaient, cuisaient, découpaient les serpents, sous l'œil vigile des agents du ministère de la justice et des maîtres apothicaires du collège. Les simples devaient être montrés au public, qui pouvait même les toucher. La jeune thériaque était conservée dans des vases très luxueux, en cristal ou en céramique décorée. A la fin de cet événement commercial, un banquet ou une collation étaient proposés. Toute contrefaction dans la préparation et dans la conservation de la thériaque était lourdement sanctionnée. La sévérité des édits de contrôle touchait aussi l'absence de thériaque dans une pharmacie. Zanino de Rossi, apothicaire vénitien, compose dans sa pharmacie de grosses quantités de fausse thériaque *sans amome, opoponax, safran et d'autres épices de grand prix*. Sa condamnation est exemplaire : deux ans d'emprisonnement, le paiement de 400 ducats d'or et la perte perpétuelle du droit à exercer. Sa thériaque factice fut publiquement jetée du pont de Rialto[191]. La « thériaque fine de Venise », si rigoureusement contrôlée et universellement renommée, est concurrencée en France par celle de Montpellier, qui se préparait aussi sous le contrôle des magistrats et des médecins.

Durant l'année 1605 je recueillis les simples. Ayant préparé le tout publiquement pendant trois jours, afin que chacun pût voir, remarquer et en parler, notamment les nombreux Messieurs les Premier médecins du Collège Romain, ainsi que les consules du Collège des Apothicaires. Une fois tous les simples examinés, enfin l'approbation fut donnée[192].

L'électuaire garde son activité intacte environ *vingt ans dans les pays froids et dix dans les pays chauds*. Comme pour l'existence humaine, sa vie se partage entre enfance, adolescence, jeunesse, âge adulte, vieillesse et mort, qui survient lorsqu'elle perd ses vertus. La jeune thériaque est inactive avant six mois d'âge et à chaque moment de sa vie, elle soigne des maladies spécifiques. Avant six ans, elle est vigoureuse et donc utile pour les maladies « chaudes » et pour toute affection corruptrice, comme la peste. Après 36 ans, ses bienfaits cessent d'opérer. Galien évoque trois principales stratégies pour vérifier l'âge et l'activité de la thériaque : l'administration à un patient d'un purgatif et de la thériaque au même moment (si le purgatif est inefficace, la thériaque est encore active et parfaite), l'expérimentation sur des condamnés à mort préalablement mordus par un aspic et enfin la dispersion de vipères dans des cages de coqs dont la moitié a préalablement été nourrie à la thériaque pour constater la survie de ces derniers[193].

Très amère et aromatique, de couleur noire, elle est administrée sous forme de trochisques dans des feuilles d'or ou dans l'hostie,

---

[191] 1402, 11 juillet, Avogaria di Comun, Raspe, V.40 t.

[192] Antidotario, 1639, page 55.

[193] Claudio Galeno, *De Theriaca ad Pisonem*, Firenze, Olschki, 1959.

accompagnée par une décoction de bétoine ou de vin odorant. Les natures les plus vaillantes peuvent en prendre une drachme par jour à titre préventif, les plus fragiles doivent en prendre la quantité d'une fève égyptienne, qui contient 4 oboles. Elle est indiquée en hiver et en automne par une posologie de deux scrupules chaque phase lunaire et plutôt déconseillée l'été, car elle est desséchante. Les enfants ne doivent pas en abuser (*elle dissout leur corps*), mais à partir de 40 ans, des cures préventives de thériaque sont universellement recommandées.

La thériaque est sans contredit le premier et le plus excellent des remèdes de toute la médecine. Il n'y a que peu de gens qui sachent la véritable origine de cet antidote : l'opinion la plus commune est que Pompée après la défaite et la mort de Mithridate roy du Pont, ayant retrouvé la description du mithridate que le prince avoit inventé luy-même pour se garantir des poisons, l'apporta à Rome où cet antidote fut fort estimé des Romains. Cette description fut suivie par les plus célèbres médecins, jusqu'au temps de l'empereur Néron. Andromaque son médecin y fit quelques changements, car il y ajouta plusieurs drogues pour rendre cet antidote plus parfait. Il y fit rentrer ces fameux trochisques de vipères, lesquels il composa de leur chair, cherchant dans le corps de ces animaux venimeux un remède souverain contre leur morsure et contre les autres poisons. La saison de l'été ne seroit guère propre, d'autant que la trituration de toutes ces drogues pendant les grandes chaleurs peut diminuer une grande partie de leur vertu et de leur poids et même dessécher toute la composition[194].

Palliatif, placebo, consolation. La thériaque est donc tout d'abord un contrepoison, indiqué en premier lieu pour guérir les morsures des animaux et des insectes venimeux, en agissant comme un attractif des venins en dehors du corps. Mais pas seulement. Ses composants principaux étant l'opium et la scille, ses talents sont aussi mis à contribution pour tranquilliser les esprits, conserver

[194] Horatio Guarguante, *Della theriaca e delle sue mirabili virtù*, Operetta, da Soncino, in Venezia, 1596, page 10.

la santé, donner de la vigueur aux sens, nettoyer le sang. D'autres accidents du quotidien sont soignés par la thériaque. Les morsures de chiens sont une indication à l'usage de l'électuaire : la blessure doit être laissée ouverte pendant quarante jours pour permettre l'écoulement des humeurs, pour ensuite être aspergée de thériaque. Ambroise Paré avait guéri une jeune femme mordue par un chien enragé en appliquant la thériaque directement sur la blessure. La toux aigue et chronique, les douleurs, les œdèmes, les colites, les pertes d'appétit, l'hydropisie, l'hydrophobie, les calculs rénaux, les hémorroïdes et l'épilepsie sont d'autres pathologies prises en charge par la thériaque. Elle réveille la libido, *redonne la vigeur au membre génital mou et tombant*, soigne la perte de la vue, les migraines et les vertiges. Vermifuge et emménagogue, elle guérit la goutte, cure la cachexie chronique, en réveillant la chaleur des membres. Elle prolonge la vie et la jeunesse, conforte les esprits, prévient les avortements, c'est un cordial et un fortifiant du cœur. Les voyageurs doivent en prendre pour se protéger du froid, du mauvais air et des vents malsains.

Il m'arrive de secourir par la thériaque ceux qui languissent pour la peste, lorsqu'il n'existe aucun autre remède à ce mal si terrible. La peste, comme une bête empoisonnée, ne tue pas seulement de nombreuses personnes, mais détruit aussi des villes entières. Putréfie l'air et tue les hommes car, ne pouvant pas résister sans respirer, ils n'ont aucune possibilité de s'échapper à la contagion. Ils attraient vers eux l'air infecté, comme un poison agissant instamment. Je pense à la thériaque comme un feu purificateur, qui rend immunes de la pestilence ceux qui la boivent en étant sains et peut guérir ceux qui sont déjà malades, en améliorant la malignité de l'air respiré et en empechant que le temperament du corps soit corrompu[195].

[195] Claude Galien, *De Theriaca ad Pisonem*, Firenze, Leo Olschki, 1959, page 94.

La corruption des humeurs est une indication thérapeutique majeure pour la thériaque, qui en fait le médicament principal dans la cure anti peste, mais aussi dans la lèpre. Lorsque la fièvre quarte paludique, définie comme atrabilaire, arrive *au stade universel*, il va falloir provoquer le vomissement et prendre la thériaque au deuxième jour[196], ou encore il faut nourrir le malade avec des chapons précédemment mordus par une vipère. Pour les hémoptysies : si le mal est frais, la thériaque doit être prise avec de la *posca*[197], alors que quand il est chronique, elle doit être accompagnée par la décoction de consoude, aux propriétés astringentes, hémostatiques et expectorantes. Vertiges, perte de l'audition, nausées, indigestion, diarrhée, toux, lithiases, insomnie, anxiété, agitation. La thériaque ne soigne pas seulement les maladies du corps, mais aussi celles de l'esprit, comme la mélancolie, la folie furieuse, les hallucinations, les sudations abondantes causées par les angoisses. Pour Marsilio Ficino, la saveur de la vraie thériaque demeure longuement en bouche et constipe. Il est certain qu'elle détenait un effet analgésique, diurétique et laxatif, bien que délicat. Sa réaction sédative l'emportait sur les autres. Galien assure que la prise de la thériaque au lever du soleil entrave la cruelle pestilence et l'air infecté ne peut pas nuire.

Le mysticisme de sa préparation, l'habilité requise et l'exotisme de ses ingrédients entourent cette préparation d'une aura magique qui conduit les praticiens médiévaux à la prescrire pour une multitude de pathologies. Afin d'énumérer les simples utilisés et d'en donner grossièrement les phases de la préparation, plusieurs sources ont été exploitées. Le moment de gloire de la thériaque se situe entre le XVI et le XVIIe siècles, lorsque les

---

196 Horatio Guarguante, cité, 1596, page 10 et suivantes.

197 Vinaigre mélangé à l'eau, où parfois on diluait un blanc d'œuf. Boisson utilisée dans l'Antiquité romaine.

modifications intervenues dans les périodes précédentes ont été intégrées et l'électuaire est au sommet de sa célébrité.

Bartolomeo Maranta, Ferrante Imperato, *Della Theriaca e del Mithridato* Libri Due, Venezia, Appresso Marcantonio Olmo, 1572.

Giorgio Melichio, *Avertimenti nella compositione de medicamenti per uso della spetiaria*, 1595, Giacomo Vincenti Venezia.

Baldassar e Michele Ciampi di Lucca, *Spicilegio botanico*, Dialogo di Baldassar e Michele Ciampi di Lucca, Lucca, Francesco Marescandoli, 1654, BNF.

Rigaude J. L., Barthe B., Boutte J., *La composition de la thériaque, du mithridat, des confections d'Hyacinthe et d'alkermes, et de l'opiate de Salomon, faite directement dans l'hôtel de ville de Toulouse* par les apothicaires jurés en ladite ville, Toulouse chez Dominique Desclassan, 1689.

En accord avec ces textes, la thériaque contient 64 simples, 3 trochisques et deux excipients, le vin et le miel. Les trochisques et l'opium sont ses composants principaux : la forte puissance analgésique et sédative de ce dernier lui attribue une vertu dans la gestion des humeurs malsaines. Pour le poids précis des simples, je me suis fondée sur la source de Bartolomeo Maranta. La préparation de la thériaque se partage en plusieurs étapes. Les trochisques de scille, d'edicroi et de vipère sont élaborés à l'avance et en plus grande quantité et les simples n'y sont introduits qu'à la fin du processus. La hiérarchie des ingrédients est ici établie en fonction de leur poids dans la recette.

Livres 10 (environ 3, 6 kilos) :

Miel : *Pourquoi le miel est ajouté dans les remèdes ? Pour trois raisons. En premier, pour conserver, car le miel est très conservant. Deuxième, parce qu'il corrige le mauvais côté des médicaments, surtout les solubles. En troisième lieu, sa saveur sucrée atténue l'amer des épices* (Saladinus d'Ascoli).

Livres 3 et 4 onces (environ 1, 2 kilos) :

Vin : *Mieux le Falerne de Campanie ou le Malvasia de Candia. Blanc, chaud, corroborant, narcotique, desséchant, balsamique et cordial.* Le Falerne, produit dans la province de Caserte, est réputé comme le vin le plus ancien au monde, très recherché et apprécié dans l'antiquité par les familles les plus aisées.

Six onces (180 grammes environ) :

Trochisques de scille. Ces trochisques, de préparation assez simple, sont le composant le plus important en poids de la thériaque.

Scilla assata[198] : la scille (Drimia maritima, scille officinale ou oignons maritime) est une plante à bulbe contenant de la scillarine, puissant cardiotonique et estimée comme apotropaïque. *L'oignon scille doit être récoltée en juin avant qu'elle fleurisse.* De goût acre et amère, elle était indiquée contre *les maladies froides du cerveau et des nerfs, comme fortifiant de l'estomac, contre le mal caduc, la goutte et l'apoplexie.* Diurétique, cardiotonique. *Incisive, fervente, apéritif, mollifiant, chaude 2e. Le mélange agit contre les putréfactions, les obstructions, l'épilepsie. Corroborant, contre maladie de la*

[198] Du latin *assatus*, grillé, rôti.

poitrine, céphalique, contrepoison. La scille doit être panée avec de la farine légère pour la cuire plus facilement.

Farina orobi : la farine de *vicia sativa* est issue des grains de la vesce commune, de la famille des Fabaceae, qui est aujourd'hui une plante plutôt fourragère et utilisée comme engrais, mais qui était autrefois utilisée pour la panification. *Chaude 1e et sèche 2*e, elle était estimée comme résolutive.

Deux parts de pulpe du bulbe rôti de scille sont mélangées avec trois parts de farine d'orobes blanches.

Fiat ex arte troschisqui.

Trois onces (90 grammes environ) :

Poivre long

Opium

Trochisques de vipère. *Galien conseille de prendre la vipère femelle. Plus prompte au mouvement, elle a la tête large et plate, la tient plus relevée que le mâle, le regard furieux, les yeux brillants, féroces et rougeâtres, le ventre gros et étendu, la queue est courte et déchainée, elle a deux dents longues, blanches et très aigues. Outre celles-là, elle en a encore plusieurs petites en l'une et l'autre mâchoire : la longueur de la vipère n'excède guère demi aune. Nous devons préférer les vipères d'automne à celles du printemps et des autres saisons, c'est alors que tous les animaux sont plus gras. La vipère est le meilleur remède qu'il y ait contre la morsure qu'elle fait, car le plus prompt secours que l'on puisse trouver lorsque on en a été mordus, est d'écraser d'abord la tête de l'animal sur la plaie, d'en avaler promptement le foye et le cœur et de prendre quelques grains de son sel volatil avec de la thériaque. Andromaque croit que on ne peut* *pas trouver ailleurs de remède plus efficace contre leur violence venimeuse que dans leur propre corps*[199].

La vipère est considérée plus facile à capturer que les autres serpents venimeux. Sa force corruptive se trouve dans sa tête, qui est génératrice des poisons (selon Galien, *comme la semence dans les vases et le lait dans les mamelles des femmes*) et dans sa queue, qui contient la force venimeuse des excréments récoltés par son mouvement. Ces deux parties doivent être coupées avant toute manipulation. Si les reptiles demeurent vivants pendant quelques secondes après avoir été disséqués, ils seront déclarés parfaits pour la thériaque. La meilleure saison pour la capture des vipères n'est pas harmonieusement définie par les auteurs consultés : l'automne, la fin du printemps ou le début de l'été. Leur langue doit être rapide et elles ne doivent pas porter des œufs. Ce dernier aspect est néanmoins source de contrastes parmi les auteurs, qui réfléchissent tant à la difficulté de se procurer des femelles sans œufs qu'à la qualité de la thériaque potentiellement élaborée à partir de trochisques de vipères mâles. Après la capture, en fonction de la période de préparation de la thériaque, elles peuvent être conservées vivantes dans des cages ou tuées de suite afin qu'elles ne maigrissent pas par la captivité. Leur colère est la seule créatrice du poison. Même la morsure d'un homme ou d'un animal inoffensif devient très dangereuse par sa rage, qui transforme sa salive en poison. Bien que sa chair soit perçue comme chaude et sèche, la vipère est pressentie d'une substance visqueuse, dense et terrienne. Elle résiste à tout venin et l'homme qui se nourrit de sa chair profite de cette force. Une morsure du reptile pendant la capture est initialement lavée avec du vin et isolée par un garrot. Pour permettre l'écoulement du sang contaminé, des sangsues y sont appliquées et la tête de la même vipère est positionnée sur la blessure. La thériaque, le sel

---

[199] Rigaude J. L., Barthe B., Boutte J., cité, 1689, page 84.

de vipère, l'ail, le vin et une douzaine de graines de poivre sont administrés immédiatement après la morsure.

Le processus de fabrication des trochisques de vipère se poursuit par l'ablation de la peau et la suppression des intérieurs de l'animal. Après la purgation des chairs par le vin et leur cuisson à l'eau salée dans une marmite en argile avec de l'aneth (dont la *vertu est de fondre, d'un ventre gros et dur, les mauvaises humeurs)* et prolongée jusqu'au détachement des arêtes, la trituration successive est effectuée dans un mortier en y ajoutant du biscuit ou de la mie de pain en poudre. Après le filtrage par la soie fine, la pâte pour les trochisques est graissée par de l'huile de noix muscade. La capture des vipères et les processus de fabrication des trochisques étant laborieux, leur achat préalable auprès de confrères spécialisés est donc possible. Il est alors mieux d'en faire l'acquisition à Venise, où ils sont *chers mais parfaits*. Ces pastilles, lorsque consommées seules, sont indiquées contre les morsures des animaux enragés ou venimeux, contre les poisons reçus à travers des blessures ou pris par voie orale, contre les fièvres malignes, les infections sanguines et les maux contagieux.

Trochisques Edicroi (ou Hedicroi) d'Andromaque. Recette des apothicaires de Toulouse. Ces trochisques *réjouissent les esprits, provoquent le mouvement sanguin, tonifient les parties internes et sont très bons contre les poisons*.

Folii indi, Spica-nardi, Safran, Cassia lignea, Opobalsamum, Myrrhe en larmes, Costi, Phù, Cinnamoni, Calami aromatici, Vin Falerno (ingrédients communs au Mithridate).

Mari : maro, *teucrium marum*, germandrée marum ou germandrée des chats. *Marjolaine gentile, semblable à l'origan. Simple chaud et sec, astringent, soigne les affections de l'estomac, chasse les ventosités et tue les vers. Bon contre les difficultés d'urine.* Cholagogue, on utilise ses sommités fleuries.

Amarici : *Origanum majorana.* Marjolaine, *chaude et sèche, contre les hydropisies naissantes et les douleurs de tête provenant d'humeurs froides.* L'Antidotario le définit comme *majorana, la meilleure étant celle qui nait à Chypre ou en Égypte. Herbe qui serpente par terre avec des feuilles rondes, poilues, fines et parfumées.*

Asari, asarum : *Nard sauvage chaud et sec, bon contre l'obstruction du foie et de la rate. Purge la pituite, sert contre fièvres tierces et contre jaunisse. Il faut en utiliser la racine. Apéritif.*

Aspalathus : petit arbre dont on utilise le bois, pesant et oléagineux. Chaud et sec, astringent, contre aphtes, flux de ventre, hémorragies, ventosités.

Xylobalsamum : bois de l'arbre du baume. Étant difficile à trouver, on le remplace avec le bois d'aloès ou le santal citrin.

Amomi, amomum compactum, cardamome en grappe : protection du système intestinal et digestif, cure les maladies respiratoires et il est diurétique. Chaud 3e, sec 2e.

Mastic : chaud et sec, astringent, fortifie l'estomac, freine le vomissement et la toux. C'est une matière issue de la sève du lentisque *Pistacia lentiscus.* Astringent, attractif, mollifiant.

Douze drachmes (45 grammes environ)

Opobalsamum, Roses rouges séchées, Scordium véritable, Iris illyrique, Cinnamoni, Agaric.

Bunias, Napus dulcis, Navet rond : *La racine bouillie du navet prévient des ballonnements et est peu nourrissante. Dans les antidotes on utilise la graine qui préserve des effets malins du poison*[200]. Contre les maladies de poitrine et l'anémie, provoque le mois des femmes. *Chaud et parfait contre les venins. Diurétique.*

Suc de réglisse : propriétés antiinflammatoires. Expectorant, contre troubles digestifs et respiratoires. *On pile les racines pour obtenir le jus. Chaud et humide, facilite le crachat.*

Six drachmes (22, 5 grammes environ)

Poivre Blanc, Myrrhe, Encens, Térébinthe, Safran, Calami aromatici, Dictame de Crète, Stoechas arabique, Calament, Costi, Spica-nardi, Gingembre, Cassia lignea.

Poivre noir : stomachique, tonique, antiseptique, antidépresseur. *Chaud et sec 3*[e]. Pour l'École de Salerne, *au poivre noir, tant entier qu'en poudre, donnez les flegmes à dissoudre, il aide à la digestion.*

Petroselinum, Persil : dans la thériaque on utilise ses graines, qui sont désintoxiquantes, diurétiques, emménagogues, fébrifuges et abortives. *Chaud 3*[e]*, sec 2e.*

Marrubium, Marrube, Prassium album, Marrubbium volgare : pour les apothicaires *c'est une plante amère qui nait près des vieux édifices et masures, chaud 2e sec 3e. Contre douleurs du foie, hydropisie, contre morsures de serpents et venins.* Herbe effectivement très amère reconnue depuis l'antiquité pour ses propriétés antitussives et comme antidote

[200] *Dizionario Universale di Medicina, di Chirurgia, di Chimica del Signor James*, tradotto dall'inglese dai Signori Diderot, Eidous et Toussaints, tomo quarto, Venezia 1753, Giambattista Pasquali, page 267.

contre plusieurs poisons. Stomachique, vermifuge, ses sommités fleuries sont utilisées dans la thériaque.

Rhapontic, Rheum officinal : pour les apothicaires c'est une *racine astringente ressemblant à la rhubarbe, contre les morsures des bêtes venimeuses.* Ainsi nommée car elle provient de la province du Pont, en Asie. Elle contient de la vitamine C et est antianémique. Purgatif, antiseptique, antiinflammatoire. *Chaud sec 2e.*

Quatre drachmes (15 grammes environ)

Storace calamita, Gomme arabique, Polio montano, Hipericon, Phù, Spica celtica, Meum, Gentiane, Folii indi, Cardamome, Carpobalsamum, Fenouil, Anis, Terra Lemnia, Hypocistis, Suc d'acacia, Thlaspi, Seseli.

Ivae artheticae, Chamapityos, Bugle Petit Pin, Ive, Ajuga chamaepitys : contre la jaunisse, diurétique, soigne les piqures de scorpions. Cicatrisant, astringent, antiinflammatoire. *Chaud 2e, sec 3e, cimes fleuries.*

Camedrio, Chamoedrys, Germandrée petit-chêne, Teucrium Chamaedrys : digestif, tonique, antirhumatismal, goutte, migraine. *Cimes fleuries, chaud 3e, sec 3e, apéritif.*

Pentaphilon, Quintefeuille, Potentilla reptans : *Toutes ses feuilles se partagent en 5. Pour la thériaque on utilise sa racine, astringent, vulnéraire, chaud 1, sec 2, contre goutte, paralysie, toux hémorragique, jaunisse, hémorroïdes.* En emplâtre, sa racine guérit les plaies. En suc à boire, elle soigne les écrouelles et les maux d'estomac[201]. Dépurative, fébrifuge, digestive, soigne les infections de la bouche.

---

[201] *Les admirables secrets d'Albert le grand*, Cologne, 1703, page 72.

Amomum, Amomi, Amomum compactum, Cardamome en grappe : protection du système intestinal et digestif, contre les maladies respiratoires et diurétique. Il est difficile de comprendre si dans la thériaque on utilise le bois, les graines ou la baie ; arbuste aux petites fleurs blanches, proche du cardamome, meilleur celui d'Arménie, peut être remplacé par le calamo aromathique, *d'odeur proche à celui de l'origan, chaud 3e, sec 2e, contre les douleurs du foie et les piqures de scorpions.*

Ameos, Ammi : *Certains appellent l'ammi le cumin d'Ethiopie, toutefois plusieurs y mettent grande différence. L'ammi a une graine plus petite du cumin et sent l'origan. Le bon ammi a une vertu chaude, brulante et dessiccative, chaud et sec 3. On nous apporte aujourd'hui pour le vrai ammi une certaine graine noire semblable à la graine de persil*[202]. Bon contre les morsures de serpents et contre la stérilité. En utiliser les graines, diurétiques et stomachiques.

Chalcitis, Calcite brulée : minéral composé de carbonate naturel de calcium. Anciennement brûlé sur la braise de charbons très chauds jusqu'il jaunisse en laissant la partie supérieure mousseuse de couleur cendre. Andromaque déconseille sa calcination préalable pour la thériaque. Vertus : échauffante, ulcérative, contre le feu sacré et les ulcères[203]. *Chaud 4, sec 4.* Son acidité sert à la fermentation de la thériaque.

<u>Deux drachmes (7, 5 grammes environ)</u>

Aristoloche, Galbanum, Sagapenum, Opoponax, Dauco cretico, Castoreo.

---

202 *Traité de la Thériaque et du Mithridat*, par Nicolas Hovel apothicaire à Paris, Paris, Jean de Bordeaux, 1523, chapitre XLIX.
203 Donzelli, cité, 1677, page 303.

Centaurea minore, Petite-centaurée commune, Centaurium Erythrae : plante de la famille des Gentianacées. On lui accorde des propriétés cicatrisantes, apéritives, digestives, carminatives, cholagogues. *On utilise les cimes fleuries pour l'insuffisance hépatique.*

Bittume, Bitume de Judée : *c'est une matière grasse et inflammable qui nage sur la Mer Morte. Elle se dessèche et cuit par la grande chaleur du soleil, qui la réduit en une matière noire dure et compacte qu'on appelle aussi asphaltus. Chaud et sec 2, échauffe et fortifie le cerveau.*

Simples dont le dosage n'est pas indiqué

Xylobalsamum, qui n'est pas systématiquement ajouté dans les recettes de la thériaque tout en demeurant l'un des composants des trochisques Edicroi.

Apium Macedonico, Bubon macedonico, Persil de Macedoine.

La thériaque, comme tous les électuaires, est assujettie aux commutations des ingrédients les plus onéreux et ardus à trouver. L'apothicaire vicentin Vendramino Menegacci, en 1587, donne quelques astuces pour remplacer certains ingrédients. L'opobalsamum pourra être substitué par l'huile de noix muscade, pour l'amomum, le giroflier fera l'affaire ; la noix de muscade supplante aisément le carpobalsamum et pour remplacer le xylobalsamum, l'aloès pourra être utilisé.

Tous les électuaires sont préparés de la même manière élaborée. Après le choix (seuls les meilleurs échantillons de chaque simple seront élus comme ingrédients, gage d'une parfaite réussite de la recette de l'apothicaire) et le nettoyage, la trituration des composants est progressive et arrosée par le vin. Le matériel de fabrication du mortier pour le pilage varie en fonction du simple devant être trituré, afin d'éviter toute incompatibilité. Son couvert est troué pour y introduire les ingrédients et son pilon est rigoureusement en fer. Les simples pilés doivent être passés par trois tamis pour éliminer les impuretés. Les gommes et l'opium sont fondus au bain marie avec les résines, les baumes et le miel et *mélangés de temps à l'autre par une spatule en ivoire.* L'apothicaire médiéval pensait que réchauffer un simple était la procédure indispensable pour en augmenter les qualités. Les dates de préparation sont strictement définies : si la trituration ne doit jamais être effectuée plus tard que le 10 juillet, le mélange des ingrédients est déconseillé après le 20 juillet. Au 23 juillet, pour la Canicule, le composé doit avoir été terminé et pas utilisé avant six mois. L'opinion des auteurs diffère quant au matériel du récipient de stockage de la thériaque : certains préconisent un pot en plomb, garantie de bonne sauvegarde. D'autres, comme Galien, déconseille le plomb, qui attire à son tour les venins et donc réduit le pouvoir antidote de l'électuaire : ce ne sont que l'or, l'argent, l'albâtre, le cristal, la céramique et le marbre qui soient adaptés à la thériaque.

La thériaque est un cardiotonique à prendre régulièrement dans « *vini puri ad sanos et vini limphati vel aquae ad febricitantes* », surtout le matin à l'aube « *in corpore calido cum aqua rosea et aceto cum zucaro rosato* » par une posologie variable pour les malades et les sains : si pour ces derniers deux prises par semaine suffisent, les pestiférés doivent en prendre au moins deux fois par jour. *Tam sanis quam infirmis* doivent la prendre en hiver avec du vin *pontico* de la mer Noire et l'été avec du jus de grenades (pour son aigreur), ou de l'eau de chicorée (apéritive, laxative, diurétique et dépurative des voies biliaires).

Malgré l'engouement général sur la thériaque et ses splendeurs, qui perdurent presque vingt siècles, à partir de la fin du XVIe siècle, des voix émettent des doutes sur ses bienfaits réels. Des exposants de ce courant agnostique méritent d'être citées, comme

Giovanbattista Teodosio di Parma, en 1588, ainsi que William Heberden, professeur de médecine à Glasgow et à Édimbourg en 1745 et auteur d'un *Essay on Mithridatium and Theriaka.* Antoine Baumé, apothicaire parisien, à la fin du XVIIIe siècle met en doute les bienfaits de la vipère dans l'électuaire et en réduit drastiquement le nombre d'ingrédients. Nicolas Lemery, dans sa Pharmacopée Universelle, parle de la thériaque en ces termes :

Il est vraisemblable que les inventeurs de la thériaque et du mithridate ont cru qu'en amalgamant une grande diversité de mélanges, ils auraient pu obtenir de l'un ce qu'ils n'auraient pas pu obtenir de l'autre[204].

Il est certain que les vertus des simples composant la thériaque se contredisent et peuvent même s'annuler mutuellement. Toutefois, malgré ces oppositions, l'électuaire demeure le principal remède administré contre la peste par la chaleur et la sècheresse de simples le composant, supposées contrecarrer l'humidité et la putréfaction de la maladie. Ses qualités comme antidote sont tellement estimées que des petits vases ou sachets contenant la thériaque sont distribués en cadeau dans des occasions particulières. Durant la peste de Naples en 1656, la thériaque, l'eau thériacale et le Grand électuaire de Mattioli, un super composé thériacal, furent conseillés par les autorités préposées à la santé publique même au titre préventif[205]. Dans son introduction de « De Theriaca ad Pisonem », le docteur italien Enrico Coturri transcrit une analyse effectuée sur un échantillon de thériaque, retrouvé en 1928 dans un pot en marbre dans la pharmacie de l'hôpital de Gênes. Les résultats de l'étude

---

[204] Lemery Nicolaus, *Dictionnaire Universel des drogues simples*, Paris, D'Houry, 1759.

[205] Mongelli Nicolo, *Diffusione di un medicamento popolare nel Regno di Napoli, la teriaca d'Andromaco*, Lares, vol. 42, n. 314 (luglio-dicembre 1976), pages 307-344 (40 pages), Casa Editrice Leo S. Olschki, Firenze.

paraissent stupéfiants : après 150 ans de sa préparation, la thériaque semble conserver la faculté de bloquer la fermentation de la levure de bière, d'empêcher la germination des semences et de tuer les vers du vinaigre[206].

Quel remède peut être comparé à la thériaque, pour les bienfaits qu'elle a toujours apportés à l'humanité, pendant tant de siècles, sous tous les gouvernements, entre toutes les mains, dans toutes les parties du monde ? De quel autre médicament on peut dire qu'il soigne « tuto, celeriter et jucunde » ?[207].

[206] Malgré mes recherches, je n'ai pas pu repérer l'article en question. Il s'agit de A. Garello, *Sopra un vecchio campione di triaca*, dans « Atti della Società ligustica di scienze e lettere », 1928. Cité dans l'introduction de Galeno Claudio, *De Theriaca ad Pisonem*, cité, 1959, page 37.

[207] De Rosa Gennaro, *Discorso sopra la teriaca di Andromaco*, Napoli, Raimondi, 1850.

Pauperes et opulenti

Sarà utile a detto fine portare il zaphiro o il hyacintho ligato con oro in maniera che tocchi la carne[208].
La Torre Francisco

La dichotomie riches-pauvres empreigne la société médiévale et devient remarquable dans la diversification alimentaire ainsi que dans les thérapies médicamenteuses. En prévalence, les recettes des médicaments, tant officinaux que magistraux, proposées dans les ouvrages analysés sont excessivement coûteuses, par l'exotisme des épices, le mysticisme de certains simples et leur provenance lointaine et mystérieuse. Le système des pharmacopées est ici nettement binaire : certains médicaments composés ne sont réservés qu'aux riches et d'autres, bien moins onéreux, au peuple désargenté. De plus, les contrôles assidus, les amendes et la crainte de la perte de la licence limitent les fraudes et modèrent les substitutions par des ingrédients moins dispendieux, en discriminant davantage l'accès aux remèdes. Argenterio, en 1598, réfléchit aux moyens offerts aux *pauvres sans sous à dépenser dans les boutiques des épiciers, qui ne peuvent donc se faire soigner et qui sont privés de tout secours sauf celui que le Seigneur et la nature leur pose devant les yeux*. Dès qu'ils ressentent les premiers symptômes, ils doivent prendre de l'oseille, de la *pimpinelle aniseum*, du jus de scabieuse (*bonne aux vieillards, adoucit les poumons, corrige l'estomac, conforte la poitrine, apaise la douleur intestine. Son jus pris dans du vin, dissipe les poisons*, selon l'École de

[208] Pour cela, il serait utile de porter le saphir ou l'hyacinthe liés avec de l'or de manière qu'ils touchent la chair.

Salerne ; sudorifique qui soigne la *scabbia*, la gale), de la mélisse (*elle réjouit, aide à la digestion, rétablit les palpitations, cholagogue, aide le sommeil, chaude et sèche 2e*, antispasmodique, antifongique, antimigraineuse, antivirale), de la rue (qui *est mangée par la belette avant qu'elle ne s'attaque aux serpents*, ce qui lui confère un pouvoir anti poison).

Celui-ci est un remede domestique, nommé « Thériaque des pauvres ». Deux parts de rue, une part de sel trituré, une part de figues séchées bien pâteuses et une demie part de noix libérées de leurs écorces. On moud et on en fait un électuaire dont il faut prendre une once le matin tôt[209].

Les misérables pourront boire le jus issu de couches de pommes placées dans un plat en les alternant avec le sucre, ce qui leur donnera *du baume au cœur*. Giovanni de Noto considère la situation particulière des *pauperes* face à la pestilence et leur conseille l'hysope qui purge le flegme pectoral, de qualité chaude et sèche. Une poudre d'herbes leur sera très utile : du chardon bénit (diurétique, stomachique, sudorifique) et de l'angélique (tonique, stomachique, carminative, sédative, antispasmodique, favorise la purification de la bile). *L'angélique est vraiment une plante qui nous a été accordée par Dieu immortel à grand bénéfice de notre vie. Il y en a de deux sortes : l'une domestique, l'autre sauvage. Les deux sont tellement efficaces contre la peste qu'il n'existe pas de meilleur remede*[210]. L'eau de buglosse (diurétique, sudorifique, dépurative, laxative) et de bourrache (diurétique, antipyrétique, évacue l'excès de bile noire).

Un pentacle protectif pour les pauvres. Prenez un morceau de pain de la grandeur d'une main. Faites-le rôtir et placez-le en dessous d'un crapaud que vous ferez rôtir tout en vie pour recevoir sa graisse jusqu'à il soit tout imbibé. Placez ce pain entre deux morceaux de drap pour le

---

209 La Torre Francisco, cité, 1528, page 25.
210 Augenio Orazio, cité, 1577, page 180.

porter entre l'habit et la chemise du côté du cœur. C'est le préservatif ordinaire de ceux qui s'exposent pour enlever et enterrer les corps des pestiferez[211].

Selon le médecin de Montpellier Monnier, qui exerce auprès de leurs Altesses De Guise, le vinaigre d'Ernest a été inventé par le médecin Jean Ernest comme préservatif pour les pauvres. C'est un amalgame de feuilles d'absinthe, de sauge et de rue pilées dans du vinaigre fort. A prendre avec de la thériaque.

Et ceux qui sont pauvres, n'ayant pas le moyen d'avoir de choses cordiales et chères, boiront un verre de vin blanc et puis se mettront dans un four médiocrement chaud où ils puissent tolérer cette chaleur et y suer selon leurs forces, après ils iront se coucher deux heures ou prendront de décoctions d'herbes chaudes comme de marjolaine, origan, fenouil, sauge[212].

Les poudres « admirables » de Giovan Battista Cavagnino[213] et d'Orazio Augenio ne peuvent qu'être achetées par les opulents. Elles contiennent des simples précieux et rares. Dans l'imaginaire médiévale, le coût de l'élément contribue à son efficacité. La première poudre est composée par le musc, la poudre de corne de licorne et d'autres ingrédients sophistiqués :

Ambre : *L'essence d'ambre gris, l'ambre rectifié, l'ambre coralin tiendront le premier rang entre les préservatifs internes qui en vivifiant la chaleur naturelle, en purifiant les esprits et la masse du sang, en corrigeant la pourriture, en réjouissant le cœur et le cerveau et en fortifiant les nerfs et les membranes mettent la nature en état de résister aux venins des maladies contagieuses et de les chasser par les urines et par la sueur. Mais*

---

[211] Monnier, page 45.

[212] Dolois Louys Guyon, cité, 1673, page 41.

[213] Giovan Battista Cavagnino, *Compilatione delli veri et fedeli rimedii da preservarsi, et curarsi dalla peste, con la cura degli antraci, carboni*. Brescia, Vincenzo Sabbio, 1576.

comme leur prix surpasse les forces de plusieurs et qu'il n'y a que les personnes les plus considérables qui en puissent faire la dépense, nous ajouterons le vinaigre d'Ernst pour les pauvres[214].

Hyacinthe : *Gemme semblable au grenat. Doit être choisi le type « guarnaccino », qu'il est ainsi nommé pour sa couleur comme le vin Guarnaccia, entre jaune et pourpre. Il est produit dans une mine au Levant. Suspendu au cou ou comme anneau, il est cordial et très utile contre la peste et les venins.* C'est une pierre considérée calmante, cardiotonique et protectrice contre les morsures des serpents.

Émeraude : *Les plus parfaits viennent d'Orient. Il doit être vert, transparent et dur. Lorsque administré dans une boisson, il est puissant contre les venins, les morsures venimeuses, les piqures des insectes avec leur dard. Huit grains de sa poudre libèrent de toutes sortes de venins.*

Topaze : *Les meilleurs sont Indiens. Ils doivent être jaunes or et brillants. Il réconforte le cerveau et les esprits. Lorsque porté à la main gauche, il rend immune de la peur.* Très indiqué contre la peste.

Feuilles d'Or : *Le plus pur et précieux de tous les métaux. Il doit être choisi de 24 carats et réduit par le marteau en feuilles très fines. Il réjouit le cœur et les esprits, fortifie le corps, résiste aux venins, purifie le sang, améliore la vue, prend ses pouvoir du soleil.*

La seconde recette ajoute aux simples déjà évoqués, d'autres éléments précieux mélangés avec le sucre (chaud et sec)[215] :

---

[214] Monnier I. L., cité, 1666, page 2.
[215] Augenio Orazio, cité, 1577, page 181.

Saphir : *Sa couleur est celle d'un ciel serein. Agit contre les venins des serpents, aide la vue, contre diarrhée, rend pacifiques, chastes et tempérants.*

Perles : *Les grandes se nomment « uniones » et les petites « marguerites ». Elles sont produites par les huitres. Le choix portera sur la forme parfaite, la pureté, la blancheur, la pulpe. Cordiales, elles renforcent les esprits, résistent aux venins et aux putréfactions, sont sucrantes, froides et sèches 2e. Cordiales, revivent la vigueur en la séparant des humeurs malignes, contre la dysenterie et colites, suppriment les tâches du visage et confortent les tremblements de la faiblesse.*

Corail : *Végétaux de la mer* (en réalité les coraux appartiennent au règne animal) *de couleur différente, produits par un suc pétrifiant et visqueux, dont il faut détacher toute la masse. Le blanc est froid et cordial, le rouge est astringent, le noir et violacé grossit le sang. Généralement les coraux sont desséchants, réfrigérants et agissent contre les venins. Ils retiennent les flux du ventre et de l'utérus, aident contre la gonorrhée, préservent les enfants de l'épilepsie. Porté au cou, le corail préserve des enchantements.*

Corne de cerf : *La corne en marceaux est calcinée dans la fournaise pendant deux jours. Ensuite on la triture avec de l'eau de roses. Antidote cordial contre venins, absorbe toutes les humeurs mauvaises. Froide, soulage les dysenteries, les crachats de sang, la dispersion de la bile et les douleurs à la vessie. Étant très salée, elle détruit la malignité. On s'en sert contre la rougeole et la petite vérole.*

Ivoire : *Après le découpage, il sera calciné comme la corne du cerf. L'aigreur lui sera ôtée par l'eau de roses. Astringent, tonique, contre la diarrhée et l'ictère, arrête les menstruations blanches des femmes.*

Les deux frères apothicaires toscans, Baldassare et Michele Campi, sont persuadés des bienfaits des pierres et des métaux sur l'organisme humain. Leur nature sèche et terreuse en fait des précieux remèdes contre la peste. De qualité cordiale, ils réjouissent les esprits, redonnent les forces, réconfortent l'âme. Toutefois, il demeure très difficile d'en extraire les éléments précieux pour la santé : la calcination des pierres permet l'extraction d'un sel médiocre et uniquement en réduisant l'or en fines feuilles on en sauvegarde les avantages. Pour les frères Campi, en dépit de ces difficultés, Dieu a attribué des vertus médicinales à certaines pierres, notamment aux perles, aux gemmes, aux coraux et au bézoard.

Entre les remedes laxatifs et cordiaux ie n'ay point parlé de rheubarbe, de syrop de cichore composé avec rhubarbe, musque, ambre gris, de perles d'or, de coral, de licorne, de bezoard, de mithridat, de theriaque, de confections d'alchermes, de Hyacinthe, d'eaues Theriacales, de Marsepains, de pastes royales, de Condits cordiaux, ny d'infinis autres simples et composez de grand prix et de grande efficace. Cette opulence de la medecine, ceste abundance et varietés de remedes doibt estre employee pour les riches par l'advis de leurs medecins qui les choisiront ayant esgard a la saison, au temperament, age, sexe, à la region et à plusieurs autres choses considerables[216].

La confection d'hyacinthes est un antidote spécifiquement recommandé contre la peste[217]. Les pierres hyacinthes sont mélangés aux émeraudes, aux saphirs, aux topazes, rubis, grenats, cornaline, coraux blancs, bézoard, corne de cerf, perles fines, ivoire, terre scellée, santal citrin, feuilles d'or et d'argent. Les pierres devront être orientales, satinées mais non brillantes.

---

216 *Advis sur la peste*, 1606, cité, page 58.

217 Giangi Rinaldo, *Istruzioni al novizio speziale con i modi più facili per comporre i preziosi antidoti della theriaca d'Andromaco del mithridato di Democrate, del discordeon di Fracastoro e della confezione di giacinto bianca*, Roma 1715, Stamperia Komarek.

Les fausses pierres seront détectées par leur poids plus léger. Les perles seront choisies blanches et grasses, les coraux compacts et non spongieux. Chaque élément doit être lavé et trempé dans l'eau de roses. La trituration est effectuée dans un mortier de porphyre.

Rubis : les choisir d'une couleur vive, rouge foncé. Indiqués contre la putréfaction et la peste. Cordiaux, fébrifuge, chassent les mauvaises pensées.

Grenat : *Oriental, rouge foncé. De nature chaude, il dessèche, corrobore, résiste aux venins*. Considéré comme antidépresseur.

Cornaline : *Elle est nommée « pierre de Sardegne ». Doit être de couleur de la chair. Sa poudre arrête les hémorragies, préserve des poisons, réjouit l'âme, chasse les peurs, blanchit les dents.*

Santal : *Trois sortes de santal. Citrin, blanc et rouge. Les santals sont cordiaux, réfrigérants, astringents*. Antiseptique urinaire, antidépresseur, bactéricide.

Argent : *Prend ses pouvoirs de la lune. Il faut aussi le réduire en feuilles très fines, réfrigérant, desséchant, réconforte le cerveau.*

Quant aux perles et aux autres pierres précieuses, ie suis de l'advis de Monsieur Ioubert, médecin ordinaire du Roy, qui dit ainsi « ie ne scay que ie doy dire touchant les pierres précieuses, que la plus grande part des hommes estiment tant, vu que cela semble superstitieux et mensonger de penser qu'il y a une vertu incroyable et secrète en elles, soit qu'on les porte entières sur soy, ou que l'on use de la poudre d'icelles[218].

[218] Paré Ambroise, cité, 1582, page 37.

Avec les perles est confectionné l'électuaire *diamargariton* (à base de marguerites, donc de petites perles), très recommandé contre la peste. La confection d'*alchermes* est un autre polypharmaque considéré comme puissant contre l'épidémie. Composé de cannelle, santal citrin, corail rouge et parfois de lapis-lazulis, il devait son nom à la présence de *kermes* animal, un jus obtenu de la pression des cochenilles. Au XVIe siècle, une poudre à ajouter au vin est composée par des perles de très bonne qualité, du corail blanc et rouge, des racines d'angélique et de valériane, de la cannelle, du safran, du sucre. Les pierres précieuses sont toujours triturées dans des mortiers en porphyre et mélangées avec du vin et du miel. Pour les plus désargentés, il est possible de boire l'eau chaude issue de leur décoction. Dans les écrits sur la peste, les thérapeutes recommandent de consommer les pierres et les métaux précieux (diamants, perles triturées, feuilles d'or et d'argent) mais aussi de les porter dans des pommes parfumées, comme bagues aux doigts et en amulettes. Aux pierres précieuses, en général, sont attribuées des qualités absolument chimériques et fantastiques.

Pilules ad pestem

Extremis morbis, extrema exquisita remedia sunt optima.
Hippocrate

Il faudra venir à roborer le cœur par des potions, comme est la suivante, en laquelle entre la confection alchermes, que je loue fort, pourveu qu'il n'y ait pas un grand flux de ventre, à cause du lapislazuli qui entre dedans. Aqua calendula, confection d'alchermes. Miste et fiat potion. Il faut bien prendre garde de donner aucunes choses tant intérieurement qu'extérieurement qui provoquent à dormir, d'autant que l'on feroit retenir le venin de la peste dedans[219].

Outre la thériaque, le mithridate, le discordeon, les confections décrites et les pierres précieuses, les praticiens luttant contre la peste suggèrent plusieurs autres astuces. Généralement, les sentiers thérapeutiques empruntés durant les épidémies de peste parcourent plusieurs directions. Le premier axe est motivé par l'intention de fortifier et de défendre les parties nobles : le cœur, le foie et le cerveau. Pour cette raison, des toniques, des cordiaux, des corroborants sont prescrits. Les cordiaux soignent les états d'âme, ce sont des aromates et des épices. Ensuite, vient la lutte contre le venin : borner son chemin vers les organes les plus précieux, l'exiler du corps, en maîtriser les effets par des antidotes, des alexipharmaques et des contrepoisons. La prise en charge des symptômes les plus évidents conduit aux prescriptions de fébrifuges, de désaltérants et d'astringents ; l'évacuation des

[219] Dolois Louys Guyon, cité, 1673, page 41.

humeurs nécessite des émétiques, des purgatifs, des diurétiques. D'ordinaire, tous ces composants participent à la réussite d'une préparation officinale contre la peste et peuvent avoir un effet général ou local, une action externe ou interne. Avec l'exception des antipyrétiques, de nature froide, les médicaments anti-peste sont généralement chauds et secs pour contrecarrer la putréfaction.

Mais considérant la grandeur de ceste maladie et la diversité et tromperie des accidens qui surviennent auquelz faut subvenir en contemplant la principale partie qui est la matière vénéneuse et ennemie du cœur, il nous semble que le plus sûr est de donner premierement au malade quelque médicament alexitaire et cardiaque pour contrarier et résister au venin à celle fin qu'il attire le venin et le chasse loin du cœur[220].

Des remèdes externes destinés à être humés, des électuaires par voie orale qui contiennent un principe actif tout en étant agréables au goût, des trochisques et des pilules pour soigner les organes internes. L'évolution pharmacologique est minime jusqu'au XVIe siècle. Ensuite, les techniques paracelsiennes contribuent à une légère modification, qui maintient les thérapies en place en ajoutant les métaux et la distillation.

A chaque fidèle du Christ de l'un et de l'autre sexe, malades de mal contagieux, santé et bénédiction. En désirant, pour notre Office pastoral, penser à la santé de vos âmes, que chacun de vous se confesse et se repentisse à l'article de la mort. Si vous ne pouvez pas vous confesser pour des raisons raisonnables, vous regretterez vos péchés et, au moins par le cœur si vous ne pouvez pas utiliser votre bouche, vous invoquerez le nom de Jésus. Indulgentia plenaria et remission de tous les péchés pour ceux qui feront œuvre de charité vers les malades en les soignant et en les servant[221].

---

[220] Houel Nicolas, cité, 1573, page 24.
[221] Discours du Patriarche de Venise, cité dans « Peste a Venezia », page 138.

L'approche mystique et religieux à la peste demeure invariable durant les trois siècles considérés. Le Patriarche de Venise, durant la peste de 1576, exhorte ses fidèles à s'agenouiller pour prier, à jeûner et demander pardon. La peste est la juste punition pour les fautes commises : il demande de porter de la toile rêche, de se rendre à l'église pieds nus, de garder le silence.

Le plus grand et le plus efficace remede à utiliser en temps de peste n'est autre que de reconnaître ses péchés et se confesser. Demander pardon à Dieu, prier, rendre ce que nous avons volé, jeuner, faire l'aumône et suivre les processions. Toutes ces choses calment la colère de Dieu envers nous, misérables pécheurs. Ainsi faisant, sa divine Majesté nous montrera de nombreux remèdes avec lesquels nous pourrons nous défendre de cette contagion[222].

Des invocations et des nouvelles prières sont créés et largement diffusées. A Venise, en dépit du Saint Office qui les stigmatise comme superstitions, ces oraisons perdurent et sont dédiées à Saint Roch, à Sainte Marthe, à Saint Christophe, à Saint Sébastien. On préconise un retour à Dieu à travers la soumission et l'humiliation, sans jamais récidiver.

Jesus et Marie, celui-ci est le grand secret pour se préserver durant les temps de peste, à réciter tous les matins avec foi : Toi, Etoile du Ciel, Vierge Marie, qui a allaité le Seigneur, a extirpé la peste, qui a créé le premier parent des hommes, Adam. Que Son Etoile se digne contraindre les étoiles et leurs influences contre les plaies de la peste cruelle. Celui qui dira ces vers avec une foi pure et une bonne dévotion, sera libéré de tout mal pestifère[223].

Les antidotes spirituels demeurent la première étape du processus de guérison. Le pape Grégoire XIIIe, en 1576, concède l'indulgence plénière à tous les malades qui se confessent en

---

[222] Vespasiano Angelico, cité, 1577, page 8.
[223] *Preghiere superstiziose contro la peste*, Stampa, 15 novembre 1575, ASV, Santo Uffizio, Processi, b. 39.

mots ou en esprit. *Pilule magnifique et prouvée contre la peste : des corails blancs, du dictame blanc, de la genthiane et du bol d'Arménie. Triturez et administrer au malade avec de l'eau de rose, d'endive, de vinaigre en lui faisant faire une révérence à Dieu et à Saint Sébastien*[224]. L'efficacité des médicaments est renforcée lorsqu'ils sont administrés en priant.

Prenez des racines de Crainte de Dieu, des fleurs de Constance, des feuilles de Patience, des graines de Pudeur. Placez tous cela dans un vase de Foi, sous lequel vous allumez le feu de la Vérité, en soufflant avec un air de bonne Réputation. Vous ajoutez de l'eau de l'Espoir. Et vous serez libéré de tout mal[225].

Les amulettes sont partie intégrante de l'arsenal thérapeutique contre la peste. Encore en 1722, le docteur Cottin, à Laon, conseille de porter une amulette obtenue en perforant une noix. Après en avoir exporté le contenu, remplir le vide avec du mercure.

L'expérience et le consentement général de tous ceux qui ont la moindre connaissance de la medecine ne nous permettent pas de douter qu'il n'y ait des médicaments qui ont la puissance d'attirer le venin des maladies contagieuses du dedans au dehors du corps. Da là nous pouvons tirer cette forte conclusion que, puisqu'il y a des médicaments qui attirent les venins, il sera bien plus facile aux mesmes médicaments de nous préserver de leurs dangereuses fuites. Ces excellents remedes s'ordonnent sous les noms de Pentacules, Periaptes, Amulettes, huiles et emplâtres magnétiques. Les pentacules sont des grandes médailles formées d'une paste magnétique qu'on enferme entre deux cristaux entourez d'un cercle d'or ou d'argent percé, pour les personnes de qualité. On les porte entre les habits et la chemise du costé du cœur. Les periaptes sont des sachets ou des medailles persé et remplis de poudre, les pastes magnetiques sont à porter suspendues au cou avec

[224] Ketham Johannes Von, *Fasciculo de Medicina*, cité, 1493, page 44.
[225] Argenterio Giacomo, cité, 1598, page 85.

un ruban. Les amulettes sont les mesmes choses qu'on enveloppe entre deux linges fort deliés, pour les appliquer sur les bras en forme de brasselets. Les huiles servent pour oindre les émonctoires et les emplâtres pour appliquer sur les bubons[226].

La recette de Monnier, en 1666, précise les ingrédients d'un « grand pentacle magnétique pestilentiel ». De l'huile de scorpions et d'araignées, de la rage (de vipères, de scorpions et de crapauds), de la graisse de crapaud, de l'axonge et du fiel de vipères. Après l'eboullition de tous ces composants, ajouter une livre de cire, de la poudre (d'araignées, de scorpions, de crapauds et de vipères). Une fois les ingrédients bien incorporés, annexer de l'aimant arsenical en poudre, de la laque de Venise (ou du cinabre). Mélanger et former la médaille, qui est un puissant préservatif, *attirant fortement en dehors le venin de la peste.* La « rage » de la vipère, ainsi que celle des scorpions et des crapauds, est un ingrédient très insolite censé renforcer le pouvoir antidote des animaux venimeux. Pour les vipères, la « rage » est obtenue après avoir fouetté et donc énervé les reptiles. On les oblige alors à mordre des éponges placées au bout d'un bâton : le venin recueilli est considéré très pernicieux. L'éponge est ensuite placée dans une fiole remplie d'huile d'amande, placée au soleil pour 15 jours. La « rage » est la substance obtenue après avoir pressé l'éponge. Quant aux scorpions, leur rage est le venin obtenu de leurs piqures lorsqu'on les enferme *dans un petit cercle de feu et ils se piquent eux-mêmes pour y échapper*. La rage de crapauds serait une sorte de substance noirâtre et gluante découlant des crapauds lorsqu'ils sont rôtis vivant. Si l'on poursuit la cuisson, la rage se transforme en graisse. L'aimant (ou aymant, ou eymant) arsenical est obtenu

[226] Monnier, cité, 1666, page 28.

en mélangeant et en faisant fondre de l'antimoine, du soufre jaune et de l'arsenic blanc.

L'aymant arsenical (sulfure d'arsenic) *est faict ainsi, prenez antimoine cru, souphre jaune et arsenic cristallin, de chacun deux onces, le tout bien pulverisé, le mettre à fondre ensemble dans une cuillère de fer et sera faict lors que ceste manière touchée avec une broche de fer filera comme therebentine et sera de couleur rouge obscur, laquelle estant refroidie sera dure et aysée à pulveriser. Les pauvres useront d'ognons blancs cuicts souz la braise avec fin Mitridat et huille de lys*[227].

Selon Marsilio Ficino, il suffirait d'utiliser l'aloès, la myrrhe et le safran pour ne jamais mourir de peste. Pour s'en préserver, l'auteur révèle une recette de pilules qui contiennent de l'ambre, du musc, des émeraudes, de l'hyacinthe, des topazes, de l'or, de la soie crue, des grenades, des rubis, des saphirs, du corail ainsi que *la pierre que l'on trouve dans la tête de l'aspic et sur sa corne*. Tout trituré et mélangé à de l'eau d'acétoselle. On peut les prendre par voie orale mais également les broyer et les placer sur la plaie ou le bubon pesteux. *On dit que les anciens appelaient ces pierres Bézoards, c'est à dire libérateurs de la mort. Elle se différencient de la thériaque car cette dernière chasse le venin sans l'attirer à soi alors que ces pierres font l'un et l'autre.*

Des antidotes absolument paradoxaux sont également proposés. Les malades sont incités à s'abreuver par de l'urine humaine ou animale, à titre préservatif et curatif. Ce contresens conduit d'une part à presser l'excrétion urinaire par des diurétiques et d'autre part à boire ces mêmes excrétions. Il est difficile de comprendre s'il s'agit d'un principe de similitude ou d'opposition. *J'ai presque envie de passer sous silence le fait que certains docteurs donnent*

---

[227] Fueldez, page 54, cité dans Mouysset Sylvie, cité.

très souvent à boire aux pestiférés de l'urine chaude d'un jeune homme en pleine santé[228].

Certains prennent tous les jours deux ou trois gouttes d'huile de scorpions, d'autres grillent des grenouilles, les triturent et mangent la poudre. D'autres boivent leur urine chaude, ou l'eau de la lessive. Ceux-ci sont dignes de tomber misérablement malades, car leurs remèdes sont sales[229].

A Venise, la défaillance des médecins et le manque de confiance dans la médecine ouvre la voie aux charlatans. Le médecin vénitien Antonio Gualterio, dont la prescription est relatée ensuite, mourra de son propre remède fondé sur l'urine.

Remède contre la peste pour les sains : ils doivent boire tous les matins à l'aube leur propre urine. Le soir ils doivent manger une bouchée de pain trompée dans le vinaigre avec de la rue. Si les femmes ont leurs menstrues, qu'elles demandent à une autre femme saine son urine.

Remède contre la peste pour les malades : dès que le malade ressent les premiers symptômes, qu'il urine le plus possible et qu'il la boive toute. Le matin d'après, qu'il boive son urine, ainsi que le soir après le dîner. Si l'infirme ressent une tumeur, il doit y placer dessus ses selles fraîches ou celles d'une autre personne et les changer toutes les trois heures. Dès que l'apostème sera cassé, il le lave avec son urine[230].

L'analyse diachronique des sources confirme la pérennisation des actes médicaux et des prescriptions thérapeutiques. De nombreux exemples corroborent cette perpétuation. Tant les médecins de la Faculté de Médecine de Paris, dans leur *Compendium de Epidemia*, rédigé en 1348, que le médecin juif

[228] Ficino Marsilio, cité, 1523, page 11.
[229] Argenterio Giacomo, cité, 1598, page 13.
[230] Copia del rimedio contra la peste qual è descritto nella parte presa nell'eccellentissimo Consiglio dei X sotto li XXI ditto, 18 luglio 1576, Morello, Reg. 95, c. 52.

du XVIe siècle Abraham Hen, dans son « Tractatus de Pestilentia », préconisent une thérapie fondée sur la même triade : thériaque, mithridate, terre scellée. Au XIVe siècle, les recettes s'apparentent. Gentile da Foligno suggère des pilules à prendre à jeun préparées avec la myrrhe, le safran, le bol d'Arménie, l'aloès (laxatif, analgésique, antifongique, antiviral, hémostatique, digestif) et le camphre (cardiotonique, réfrigérant, décongestionnant). Ces pilules, par les qualités réelles des simples qui les composent, jouissent effectivement de propriétés toniques, analgésiques, digestives et légèrement laxatives. A administrer avec du jus d'absinthe, qui est utilisé pour les atonies digestives, les calculs biliaires, stimulant de l'estomac et du foie, réchauffant au premier degré. Son amertume toxique lui attribuait des vertus antidotes. De Dondi crée un sirop astringent, tonifiant, réchauffant, à boire de préférence accompagné de jus d'absinthe ou de sa propre urine. Le sirop est préparé avec des perles en poudre, du sucre, du dictame blanc, des feuilles d'arbousier (astringent, antiseptique, anti-inflammatoire) et de la racine de tormentille (astringent, anti-diarrhée, tonifiant, soigne les ulcérations). Pour Nicolo De Burgo les *colerici et fortibus utentes* doivent prendre des pilules confectionnées avec de la myrrhe, safran, bol d'Arménie, citron, aloès, ambre, corail rouge et *mirabolanorum*. Ce dernier est un fruit en forme de gland, provenant d'Asie et introduit en Europe par la médecine arabe ; laxatif, réfrigérant et sec au premier degré. Les bienfaits des composants de ces pilules s'annulent mutuellement : des laxatifs comme le *mirabolanorum* et l'aloès sont mélangés à des astringents comme le *bolus*. Les propriétés réfrigératives du corail et du *mirabolanorum* sont mélangées aux qualités échauffantes du safran et de la myrrhe. Le *bolus* obstrue les pores de la peau, l'aloès purifie. L'ensemble donne un cordial fidèle au précepte du « *primum non nocere, deinde purgare* ». Afin de tonifier le corps et l'esprit, il prescrit une poudre à dissoudre dans du vin *pontico* composée par de la coriandre, de l'ambre, des émeraudes, du safran, du camphre, de la thériaque, de la cannelle, de la zedoariae (*Rhizoma Zedoariae*, appelée communément curcuma, tonifiant pour la circulation et antidouleur), du myrte (réfrigérant, astringent, carminatif). Et pour finir, la sauge : *l'usage de la sauge est si grand qu'il est bon d'en avoir en toute la maison. Aussi dans la langue latine son nom du mot sauver tire son origine* (École de Salerne). *Caude et sece ou tierc degré* (Aldebrandin de Sienne). La sauge aurait caché la Sacre Famille.

Pour le XVIe siècle les sources sont nombreuses car ce siècle est affecté par plusieurs vagues de *pestifero morbo*, notamment la grande épidémie de 1576. La peste sévit en Europe depuis plus de deux siècles et l'expertise des praticiens s'affine. L'ordonnance du médecin siennois Pietro Andrea Mattioli[231], en 1569, est complète et fait appel à des médicaments à usage interne et externe. Il préconise l'onction quotidienne des mains, des pieds, du cœur et des artères des malades par du vinaigre aux clous de girofle séchés, ou par l'huile de scorpions, ou encore par l'huile de vitriol bleu et de calament (*calamintha officinalis* ou *montana*, d'une odeur proche de celui de la menthe, antispasmodique, excitant, stomachique, fébrifuge, chaud et sec 3e degré). La poudre de l'os du cœur du cerf prise oralement soutient les fonctions cardiaques.

Os du cœur du cerf : *J'aimerais qu'on sache que j'ai très peu de foi dans l'os du cœur du cerf, d'abord parce que je crois qu'on utilise un cartilage et pas un os et parce que même dans le merveilleux livre de la fabrique humaine c'est écrit qu'il n'y a aucun os dans le cœur du cerf. Mais même si un os s'y trouvait,*

[231] Mattioli Pietro Andrea, *Opusculum de Simplicium medicamentorum facultatibus secundum locos & genera*, Venetiis, Apua Vincentium Valgrisium, 1569. Pietro Andrea Mattioli, siennois, mourut de peste en 1577. Il a également rédigé les *Commentarii secundo auctii, in libros sex Pedacii Dioscoridis Anazarbei de medica materia* (Venice, Officina Erasmana, Vincenzo Valgrisium, 1558).

nous n'avons aucune expérience sur ses réels bienfaits[232]. Autant que la corne, on s'en sert en vertu de la légende sur la longévité du cerf. Il s'agit probablement du cartilage qui entoure le cœur de l'animal. Estimé cardiotonique selon la théorie des signatures. *C'est un petit os qui se trouve à la base du cœur des cerfs quand ils sont vieux alors que c'est un cartilage quand ils sont jeunes. Les chasseurs l'appellent croix de cerf car il a la forme d'une croix. Souverain contre toutes formes de venin.*

Pour désaltérer le malade fiévreux, Mattioli encourage à prendre un oignon, le vider, le cuire sous les cendres et le remplir de jus de citron à boire ensuite. La thériaque dans du vin, l'eau de thériaque et la potion d'agaric seront bues avec la rue. Pour l'expectoration, l'auteur conseille d'avaler les racines d'impératoire (*Peucedanum Ostruthium*) qui *atténue les humeurs visqueuses du poumons, aide à l'expectoration, fortifie le cerveau et l'estomac et résiste aux venins*[233].

Certains tissent les louanges des pilules mercuriales, mais vraiment, elles sont dangereuses. Ces tricheurs les glorifient comme des choses très parfaites, donc je vous en donne une recette moins périlleuse. Poudre de mercure, eau de vie, eau de bourrache, de rose et de scabieuse. Ajouter de la poudre de perles et de la poudre de roses. Former les pilules avec la thériaque. A prendre une fois par semaine pour se préserver et deux ou trois fois pour les malades[234].

Julien Le Paulmier, en 1580, préconise la prise quotidienne d'opium au matin avant de déjeuner, *l'un de meilleur remedes contre la peste, tant pour guérir que pour s'en préserver*. Il faut l'accompagner avec de l'eau thériacale. Ascanio Centorio, dans son ouvrage sur les ordonnances émises par la ville de Milan lors

---

232 Augenio, Orazio, cité, 1577, page 210.
233 Lemery Nicolaus, *Dictionnaire Universel des drogues simples*, Paris, D'Houry, 1759, page 452.
234 Argenterio Giacomo, cité, 1598, page 20.

de la peste de 1576[235], rédige en annexe un recueil de recettes et remèdes préservatifs et curatifs. La description et la préparation est presque rituelle, les mots récurrents sont puisés dans le vocabulaire de la préciosité, du mysticisme, de la magie et de l'ésotérisme, comme si les adjectifs utilisés devaient supporter l'utilité de ces médicaments pour vaincre la peste. Les heures d'administration, les lieux, la saison de récolte, de préparation et de consommation sont prescrites. Le *précieux sachet utilisé par le Pape Adrien VI durant la peste de Rome* (son pontificat ne dure qu'entre 1522 et 1523) doit être placé près du cœur. Ses ingrédients sont toujours les mêmes : buglosse, hyacinthe, émeraude, feuilles d'or et d'argent, ambre, mélisse, roses rouges, violettes, perles, aloès, œillet, crocus, laudanum, santal. Pour Centorio, l'*Elixir Proprietatis Paracelsi* est prophylactique contre la putrefaction et pour purifier le sang[236]. L'haleine, qui est tant symptôme de la maladie que porteuse de peste doit être assainie. La recette cardiotonique externe d'Argenterio, en 1598, est une poudre à placer dans un sachet *sous la mamelle senestre*, composée par des iris de Florence, du *calamus aromaticus*, de l'écorce de citron, des clous de girofle, du macis, du styrax, du calament, du santal citrin, du benjoin, de la cannelle, de la racine d'angélique, de la menthe, de la marjolaine, de l'origan, des roses rouges, de l'ambre gris.

---

235 Ascanio Centorio, *I cinque libri degli avvenimenti, ordini, grida et editti : fatti, et osservati in Milano ne tempi sospetti della peste negli anni MDLXXVI et LXXVII*, Venetiis, 1576.

236 J'ai trouvé une recette pour préparer cet élixir dans un ouvrage de 1828. Il s'agit de A. J. L. Jourdan, *Pharmacopée universelle ou Conspectus des pharmacopées*, Paris, J.R. La Baillère, Tome 1er, page 6. Élixir de propriété acide de Paracelse ou Élixir Proprietatis cum acido Paracelsi. Aloès, myrrhe, safran, dans l'alcool. Une autre version ajoute l'acide sulfurique. Estimé comme excitant, stomachique, vermifuge, emménagogue. Le doute subsiste qu'il ne soit pas le même élixir, ou bien que les composant aient pu se transformer durant 300 ans.

Voici mon électuaire contre la peste, que j'ai nommé Achille. Ambre, perles, sucre rosat, thériaque, mithridate, costo, girofle, bol d'Arménie, oxymel, camphre, musc[237].

Le médecin de Ravenne Francisco La Torre, en 1528, réconforte le cœur des pestiférés par des pierres précieuses, de la soie crue, de la terre scellée, du musc, de la cannelle, du camphre, du cassia. Pour vaincre le poison dans le cœur, il recommande : agaric, centaurée, ail, chicorée, calament, hyacinthe, saphir, émeraude, rue, hypericon, thériaque, mithridate. Le médecin Ascanio Olivieri, *protomedico* (premier médecin) du lazaret de Venise, propose un préservatif de la peste au Sénat, pour lequel il demande 5000 ducats immédiatement et 30 de rente mensuelle, une fois que le remède aura été testé sur 3000 malades. L'année d'après, le Sénat accorde au médecin un paiement de 800 ducats ainsi que la rente mensuelle demandée. Sa recette est une sorte de première tentative de vaccin.

Et tous les quinze jours on prendra une drachme de poudre issue des charbons des malades. On la prépare de cette manière : on prend les charbons dans leur totalité, on les sèche au soleil, on les réduit en poudre qu'on administre le matin à jeun en attendant quatre heures avant le déjeuner[238].

Le Frère Giovan Battista Napolitano, en 1576, suggère une eau parfaite contre la peste obtenue par la distillation du nacre (préalablement placé dans du jus de citrons), dictame, corail, émeraudes, grenade, os du cœur du cerf, camphre, eau de scabieuse et d'absinthe. Durant la distillation, on rajoute progressivement de l'eau d'endive, buglosse, bourrache, mélisse, chicorée et de roses sauvages. Angelico Vespasiano, en 1577, conseille aux malades des bains d'eau de mer en immersion

---

[237] Squarcialupi, cité, 1565, page 47.
[238] Ascanio Olivieri, *Rimedio contro la peste*, 6 settembre 1576, BMC, ms. Donà delle Rose, n. 181, f. 10.

totale qui doivent perdurer au moins quatre ou cinq heures. En considérant la fièvre très forte qui afflige les pestiférés, cela équivaut à une réelle torture. Pour calmer la soif due à la fièvre, Dolois conseille d'ajouter aux tisanes un peu « d'esprit de vitriol et de soufre », qui désaltèrent par leur aigreur, ainsi que des sirops aigres, comme celui de citron.

Depuis quelques jours, un Savoyard a été attrapé. Avec d'autres hommes diaboliques, ils diffusaient l'onguent pestifère, très mortel. Avant d'être pendus, ils ont révélé comment ils s'en protégeaient. Ils prenaient chaque matin deux onces d'une liqueur ainsi composée : graines de genévrier frits et mélangés au vin Malvasia, aux baies de laurier, des figues, de la rue et du sel[239].

Au XVIIe siècle, Dolois recommande une potion de lapis-lazuli et quelques gouttes d'huile de vitriol. Pour fortifier le cœur, il fournit la recette d'un électuaire cordial composé par du corail, des saphirs, des hyacinthes, des perles, du chardon béni, de la tormentille, de l'angélique, de la poudre de corne de cerf, de la *terra lemnia*. Pour *roborer le ventricule* des pestiférés, *affecté par des vomissements incessants qui portent le malade à la syncope, la région ventriculaire* sera graissée par un onguent d'huile de roses, de myrte et de spica nardi, le tout amalgamé avec la cire ou le cérat stomachique de Galien. En 1606, les maîtres chirurgiens de Paris renforcent les activités cardiaques par l'application d'un épithème thoracique, plutôt liquide, formé par des eaux de buglosse et de roses, du vinaigre, de l'absinthe, du santal, du bol arménien, du safran, de la thériaque et du vin blanc.

Grains de santé : thériaque de Montpellier, myrrhe, saphran et camphre. Pulvériser et verser quatre livres d'Esprit de vin. Faire digérer le tout au bain tiède. Après filtration, mettez cet esprit dans un

[239] Alessandri Francesco, *Trattato della peste e delle febbri pestilenti*, Torino, Antonio di Bianchi, 1586, page 63.

autre matras et adjoutez quatre onces de bonne poudre de viperes, deux onces de kermes et quatre onces de scordion pulvérisé. Après le bain marie, filtrez. Ajoutez ambre jaune, mère perles (nacre), *corail rouge, pulvérisez et tenez au bain marie jusqu'à la dissolution de vos matières. Après filtration, l'Esprit sera encore philtré et on y adjoute de l'esprit de souphre, de tartre, de sel, de gajac et de racines de saponaria, de l'ambre gris, du musc. Quatre jours au bain marie pour bien les unir. Il ne reste plus, pour avoir les grains de santé, que de nourrir avec cet Esprit de la semence de genièvre et en former des petites dragées avec le sucre royal purifié. Les grains de santé sont fort agréables et sont des puissants préservatifs contre la peste parce qu'ils vivifient la chaleur naturelle, purifient les Esprits et la masse du sang, chassent les venins et empeschent la corruption*[240].

L'importance de cette recette n'est pas dans la description des composants ou des simples, mais uniquement dans la volonté de purification progressive du rendu, afin d'obtenir un composé parfait. L'auteur écrit en 1666, c'est la dernière source étudiée chronologiquement. Il s'agit de techniques paracelsiennes, qui recherchent la quintessence du médicament à travers les extractions, la distillation et la teinture.

Opiate à se servir les matins avant de sortir de la maison : buglosse, bourrache, nénuphars et roses, calendula. Mélanger avec du sirop de citrons et de l'opium. A prendre le matin en la quantité d'une noisette accompagnée par du vin blanc. Cet opiate est bien tempéré et ne peut eschauffer ni apporter aucune incommodité mais est fort bon, profitable et tel que les apothicaires charitables le donneront au petit peuple a pris raisonnable[241].

La recette d'opiate des Maitres Chirurgiens de Paris, en 1606, est préparée avec un œuf de poule, auquel on remplace le blanc par le safran. Une fois bouché avec de la pâte, il sera mis au four, trituré et ajouté à de la racine d'angélique, du dictame et de la

---

[240] Monnier, cité, 1666, page 16.
[241] *Advis sur la peste*, cité, 1606, page 54.

thériaque. Selon le Frère Giovan Battista Napolitano qui soigne la peste à Naples au XVIe siècle, pour se préserver il est nécessaire de prendre deux fois par semaine des pilules d'aloès, myrrhe, safran et suc de menthe. Dans certaines recettes, la prescription est structurée autour d'un remède quotidiennement changé qui forme une cure alternée sur plusieurs jours. L'ordre est précis : le matin des pilules, après déjeuner un électuaire, le soir des trochisques. Une méthode de soins complète dirigée vers la prise en charge des malades et la préservation des sains. Le médecin italien Hippolito Boschi rédige un « Breve trattato del modo che si deve tenere per conservarsi sano nei tempi contagiosi », publié à Florence en 1600 auprès de l'éditeur Baldini. L'auteur propose une cure prophylactique journalière.

Lundi : après au moins huit heures après le dîner de la veille, *l'homme d'âge parfait* prendra une drachme de thériaque qui ne soit ni trop vieille (pas plus que 30 ans) ni trop jeune (pas moins que trois ans). Les enfants remplaceront la thériaque par le mithridate.

Mardi : le matin, trois heures avant le repas, prendre du bol d'Arménie avec du vin blanc odoriférant.

Mercredi : prendre une drachme de terre scellée avec du vin.

Jeudi : la quantité d'une noisette de mithridate.

Vendredi : quatre drachmes de feuilles de rue, des figues séchées, de noix triturées avec du sel. Il s'agit d'une « thériaque des pauvres ».

Samedi : prendre un électuaire préalablement préparé : terre scellée, bol d'Arménie, graines de genièvre et de laurier, miel, cinnamome et vinaigre. A administrer en la quantité d'une noix. *Il est très parfait et empêche le venin d'arriver au cœur.*

Dimanche : l'auteur conseille de prendre une goutte d'un composé anti-peste qu'il nomme *huile du Castagna* et en oindre le cœur, les poignées et les narines.

Boschi garantit sa prescription, mais uniquement si les différentes phases et les recettes seront précisément suivies.

Les grosses araignées noirâtres marquetées de taches jaunes enfermées dans un nouêt toutes en vie au nombre de trois ou quatre et suspendues au col font des merveilles dans les fièvres pestilentielles[242].

Comme évoqué, les simples de qualité sèche et chaude sont les principales armes contre l'humidité et la corruption de la peste. De même, les produits aromatiques et odorants revêtent une large place parmi les *medicinalia* contre l'épidémie, tout comme les évacuatifs et les recettes d'origine animale, surtout si élaborées à partir d'animaux venimeux. L'humorisme est le fondement principal des recettes des praticiens, ainsi que de la totalité des thérapies pharmacologiques.

Les répétitions de ces derniers paragraphes ont été proposées à bon escient. Elles étaient finalisées à transmettre ce sens de pérennité, d'immuabilité des thérapies contre la peste avant la découverte des antibiotiques. Entre le XIVe et la fin du XVIe siècle, les médicaments n'évoluent pas, les mêmes simples sont utilisés par tous les praticiens et dans toutes les sources. Au XVIIe siècle, les méthodes paracelsiennes, la distillation et la théorie de la quintessence, en dépit de la potentielle révolution qu'elles pouvaient susciter, se révèlent finalement comme peu

---

[242] Monnier, 1666, cité, page 46.

influentes sur les prescriptions médicales contre la *pestis atrocissima*.

Bubons, charbons, pourpres

Tu appliqueras sur la bosse le theriacle. Car le theriacle ne faict pas son action en repoussant mais plustot en attirant[243].

Invariablement, dans tous les ouvrages examinés, le chapitre qui suit ou qui précède celui des *medicinalia* est consacré à la chirurgie. Cette dernière s'applique en prévalence au traitement des lésions et des tumeurs pesteux. Les ulcérations cutanées généralement observées chez les pestiférées sont multiples : les pétéchies, les charbons, les pustules, les gangrènes et les ecchymoses. Cependant, les deux seules nécroses décrites dans le détail par tous les auteurs étudiés sont le bubon et le charbon.

Quant au bubon, il vient comme une purge des membres principaux prés desquels il apparaît. Plus il est près du cœur, plus il est mortel[244].

Le bubon pesteux est provoqué par un mécanisme inflammatoire sévère dû à la multiplication du microbe, qui enclenche une hypertrophie du ganglion lymphatique. Par une plaie ouverte, il peut alors suppurer. Les sociétés médiévales assimilent la maladie pesteuse à l'apparition du bubon : sans « bosse », l'affection est plutôt considérée comme une fièvre pestilentielle.

Les personnes ordinaires discutent beaucoup sur la définition de ce mot, peste. Pour eux, la peste n'est autre que ce bubon ou tumeur qui généralement se manifeste derrière les oreilles, sous les aisselles ou à l'aine. Et ils pensent que chez un malade ayant tous les autres

[243] Houel Nicolas, cité, 1573, page 50.
[244] Ficino Marsilio, cité, 1523, page 78.

symptômes contagieux mais pas de bubon, la peste soit restée dans son corps, enracinée ailleurs. Et pour ceux qui meurent pour les charbons, ils pensent qu'ils soient décédés d'un mal cousin de la peste. Telle est l'opinion du simple peuple[245].

Le processus inflammatoire des ganglions lymphatiques était appréhendé depuis l'antiquité, ainsi que son lien avec des infections de la région du corps proche des glandes infectées, que Galien avait antérieurement nommé « bubons ».

A cause d'une plaie au doigt, au pied ou au bras, les glandes de l'aine et des aisselles gonflent et s'enflamment, parce qu'elles sont les premières à recevoir le sang dont le flux descend vers l'extrémité du membre. Et aussi dans le cou et près des oreilles souvent les glandes gonflent quand des plaies se produisent dans l'une des parties voisines. On nomme « bubons » les glandes qui gonflent ainsi[246].

Le bubon apparaît durant les premiers jours de la contamination. Il est accompagné par une douleur insupportable et est localisé près des points cardinaux des glandes lymphatiques, en particulier l'occipitale, la cervicale, l'axillaires, l'inguinale (ganglions superficiels) mais aussi près des ganglions profonds thoraciques et abdominaux.

Ceste maladie est si furieuse que si promptement n'y est donné remede le venin ayant saisy le cœur, il est très difficile que la personne puisse guérir[247].

Pustules gangreneuses douloureuses et suppurantes, les bubons sont perçus par les médecins comme les *dépôts* hippocratiques formés par le poison. Cette masse venimeuse, préalablement logée dans le cerveau, le cœur ou le foie, tendrait à s'écouler en dehors, à travers la tumeur, pour protéger l'organe en question,

---

245 Argenterio Giacomo, cité, 1598, page 7.
246 Galien, *Méthode de traitement*, Paris, Gallimard, 2009, page 712.
247 Du Huval Baltazar, cité, 1583, page 11.

en formant ainsi un bubon derrière l'oreille pour le cerveau, sous l'aisselle pour le cœur, à l'aine pour le foie et sur le thorax pour la rate. Les bubons axillaires, cervicaux et occipitaux sont considérés plus dangereux que les inguinaux. Un bubon qui surgit et soudainement disparaît est un signe mortel. Celui qui apparaît avant la fièvre est de bon augure, car la nature est forte et chasse le venin, mais s'il se manifeste après, c'est un mauvais signe car l'organisme est déjà débordé par le poison et le pronostic de la maladie est alors néfaste.

Selon les mots du médecin Argentario, publiés en 1598, l'apparition du bubon est présagée par des signes annonciateurs. Chez des tempéraments sanguins, un sommeil exagéré et une profonde crainte. Pour un bubon occipital, l'hypersomnie alterne avec l'agrypnie, une migraine oculaire, des vertiges, l'acouphène. Si le bubon est cervical, il est révélé par une léthargie, le délire, la surdité, une rosacée faciale, une tachycardie. S'il est axillaire, ses signes précurseurs sont les palpitations, l'angoisse, la difficulté à respirer. Et enfin s'il est inguinal, il sera accompagné par la tachycardie, la polydipsie, l'anorexie, une fièvre ardente et les épistaxis. Marsilio Ficino, au XVe siècle, recommande aux fiévreux de s'oindre les quatre extrémités et la tête par de l'huile de scorpions et, ainsi faisant, de vérifier la présence du bubon.

Il arrive que la nature travaillant pour la décharge de son venin, il se fait un bubon ou bosse, qui s'engendre communément sur quelqu'un des émonctoires. Les malades, à son commencement, sentent une pointe douloureuse et trouvent comme une petite noisette, laquelle peu à peu augmente comme un œuf ou comme une pomme et quelques fois vient plus grande. Au commencement la forme est longuette et mobile et après elle devient ronde et immobile[248].

[248] Louys Guyon Dolois, cité, 1673, page 43.

La technique de traitement chirurgical du bubon reste immuable pendant les trois siècles examinés. Tout d'abord, les praticiens induisent sa maturation par des cataplasmes appropriés. Pour cet objectif, plusieurs recettes sont proposées, dont l'éventail des ingrédients inclut des oignons, des figues, de la laine, de l'huile, du miel et des cendres d'escargots rôtis. La méthode de préparation du cataplasme rubéfiant et maturatif de l'anonyme génois, au XVe siècle, comporte de la farine de blé bouillie, de la camomille et de la mauve (analgésiques contre les inflammations de la peau), de la racine de lys (déjà utilisée dans la Rome antique contre les brûlures de la peau) et de l'huile.

Tel cataplasme sera mis dessus et autour de la tumeur : huile de scorpions et thériaque. Pour les pauvres, un oignon cuit sous la cendre. On y ajoute du miel, du jaune d'œuf et de la graisse de porc avec un peu de levain et de ce, on fera un cataplasme. Si on peut, on y ajoute de la thériaque. Avec de tels remedes la tumeur vient à suppuration[249].

La suppuration est une étape souhaitée et bienvenue, car elle détermine le moment de la coction et de l'évacuation de l'humeur. Ficin préconise l'application de rupteurs encore plus incisifs afin d'accélérer la maturation et la rupture du bubon. Ce sont des simples acides ou basiques, souvent toxiques, comme le dompte-venin officinal, dont les racines sont vénéneuses, l'arsénique, le vitriol[250], la chaux vive, les fientes de pigeon, d'épervier, d'oie ou même les déjections humaines. Mais également des escargots triturés vivants avec leur coquille, des grenouilles écorchées et rôties, l'ortie[251] et le sinapisme. La somme de la douleur du bubon et celle provoquée par le rupteur dans son action maturative est un vrai supplice. Afin de renforcer

249 *Traicté de la peste*, cité, 1606, page 42.
250 Il s'agit de l'acide sulfurique, qui est corrosif et provoque des ustions. Ficin ne définit pas quel vitriol il recommande. D'autres sulfates se nomment « vitriol ». Le blanc est le sulfate de zinc, le bleu de cuivre et le vert de fer.
251 La grande ortie et l'ortie brûlante sont deux plantes urticantes.

les cataplasmes maturatifs, certains auteurs décrivent la pose de vésicatoires accélérant la formation d'ampoules qui favorisent l'incision. Les cataplasmes vésicatoires sont prioritairement composés par de la poudre issue de la trituration de certains coléoptères, les cantharides, mais le vitriol, bien plus ulcératif, est aussi utilisé.

La peste est accompagnée de bosses parce que le cœur se sentant saisi de cette vénénosité pestilente et tachant de s'en décharger, iette le plus loin qu'il peut ses humeurs. Ils apparoissent devant la fievre ou tres tost après, quelquefois un peu devant la mort, quelquefois après, le venin exerçant encore la furie. On en voit qui s'estoyent present dès le commencement qui rentrent dedans et disparaissent du tout avant la mort. On doit appliquer un vésicatoire qui attire fort, de l'ulcere duquel distille longuement une quantité incredible d'eaux rousses, puis de matières gluantes et iaunes comme gelee, afin de tirer loin du cœur et des autres parties nobles les aquosités et le venin pestilent[252].

Durant l'action du rupteur, Ficin conseille de placer autour du bubon une première couche de mie de pain frais à peine sorti du four, imbibée de vin vinaigré et une seconde couche de farine d'orge mêlée à du miel. Francesco Alessandri, en 1586, conseille de lubrifier une dernière fois avant l'ouverture par l'huile de scorpions. Au bout de ces phases préparatoires, l'étape suivante est l'incision chirurgicale du bubon, effectuée en forme de lune par un rasoir ou une lancette. Une fois le bubon ouvert, le chirurgien supprime la chair morte en s'aidant d'un emplâtre de graisse de porc. L'application successive de ventouses en forme de cloche, en verre ou en métal, est supposée induire la révulsion et donc attirer les humeurs malignes en dehors. Le vide crée par la ventouse, couvrant une flamme, dilate les capillaires et produit une congestion. Parfois, après l'évacuation du pus, le praticien pose des sangsues *bien purgées* pour extraire le sang.

---

[252] Le Paulmier Julien, cité, 1580, page 27.

Et quand une partie de la bosse sera dehors, mette de la charpie dedans la plaie et qu'elle soit ointe par dehors d'huile de camomille et de roses, et par-dessus soit mis un emplâtre appelé diacalamentum[253] *et soit remuée selon ce que le chirurgien voudra*[254].

Une fois la plaie nettoyée, la régénération de la chair saine est facilitée par l'eau distillée de centaurée, l'eau de vie et la racine de quintefeuille, qui guérit les plaies. L'étape suivante est la plus extravagante, mais accréditée chez la plupart des auteurs analysés. Il est demandé de couper le dos d'un animal vivant (un chiot ou un oiseau, de préférence un pigeon, une poule ou une colombe) et de le poser encore chaud sur la plaie du bubon. Une variante est encore plus excentrique : après avoir oint la tumeur par la thériaque, il faut plumer le dos d'un coq vivant, lui introduire un suppositoire d'opium et de savon gris et poser l'animal sur le bubon.

On appliquera le cul d'une grosse poule d'Inde, et on luy mettra dedans le cul deux ou trois gros grains de sel profondément, qui lui causeront une cuiseur qui fera qu'elle l'ouvre et ferme et par ce moyen attirera plus véhémentement le venin. Cette attraction attire plus de venin qu'une ventouse, parce que ces poulailles ont une contrariété naturelle contre le venin à cause qu'elles mangent et digèrent les bestes venimeuses comme araignées, chenilles, scorpions, crappaux, vipères, couleuvres, aspic sourd et autre serpens sans qu'elles ne reçoivent aucun mal. On peut aussi prendre des verres de terre tant qu'il sera besoing, comme une bonne poignée et les y appliquer tous vifs[255].

Ces pratiques facultatives sont obligatoirement suivies par une cautérisation, qui endigue l'hémorragie et peut être exécutée directement par un fer incandescent (*cautère actuel*) ou avec des acides ou d'autres substances caustiques (*cautère potentiel*). La

[253] Cataplasme de calament.
[254] *Compendium de epidemia*, cité, 1348.
[255] Paré Ambroise, cité, 1582, page 72.

recette de cautère potentiel de Francesco Alessandri, en 1586, brille par sa capacité corrosive et sa nuisibilité : arsénique, sel d'ammoniaque, mercure, vinaigre, sel, vitriol, calcanthite. Alessandri conseille aux indigents une recette moins caustique mais hautement urticante : de l'ortie, du fumier humain, de la cendre, de l'ail et du poivre. Les instruments utilisés pour inciser et cautériser sont fixés sur une hampe, longue d'environ 65 centimètres, pour permettre au chirurgien de garder une distance de sécurité avec le malade.

Il faut privilégier le cautère par le fer incandescent et éviter celui par la cire chaude, car la congélation de la cire empêche l'évaporation des vapeurs mauvaises et même, elles se diffusent davantage. Toutefois, on peut effectuer le cautère avec le vitriol, le vert-de-gris, l'arsénique et la chaux vive[256].

Les plaies cautérisées sont ensuite recouvertes par des emplâtres cicatrisants, à base de miel ou d'huile, d'herbes *pestifuges*, comme la *lysimachia*[257], la scabieuse, la racine de consolida et même des feuilles de noix bouillies dans du bon vin. Une fois cuites et pilées, ces herbes doivent être placées encore chaudes sur le bubon.

Louys Guyon Dolois, en 1673, est du même avis que les auteurs qui l'ont précédé. Ramollir, inciser, cautériser. Mais il avertit ses confrères d'éviter une incision profonde en forme de croix recouverte ensuite par un oignon rouge pendant 24 heures, car son expérience lui a appris que la survie du pestiféré en est profondément compromise. *Quelqu'un meurt du flux du sang, d'autres pour leurs douleurs. Et ceux qui exercent ces cruautés, ne sont pas des chirurgiens mais des paysans ignorants*.

---

[256] Pietro da Tossignano, dans « Fasciculo de medicina », cité, 1493, chapitre 9, page 10.
[257] *Lysimachia nummularia*, lysimaque, herbe aux écus, astringente.

Le bubon est nommé par les auteurs « bosse », « peste », « tumeur », « maladie » et « apostème ». Cette dernière dénomination est également utilisée pour le charbon (ou carboncles, ou anthrax), qui se crée au lieu de la piqûre de la puce à cause de la prolifération bacillaire. Les auteurs présument que son éclosion avant la fièvre est porteuse de bons présages. Il se décline en plusieurs couleurs, entre jaune citrin et rouge (moins pernicieux), vert et noir (considéré comme plus grave). L'anthrax est aperçu comme un émonctoire du venin, une pustule maligne ronde, ardente et douloureuse faite *d'un sang gros et noir et corrompu en sa substance*. Ambroise Paré, en 1582, nous dit qu'initialement, *il a la taille d'un pois, adhérant fort contre la partie et immobile, tellement que le cuir de dessus ne se peut enlever de la chair de dessous et croit promptement selon que la matière est plus ou moins furieuse, avec grande chaleur, ardeur et douleur lancinante comme pointes d'aiguilles, laquelle est cuisante et intolérable, principalement vers le soir ou la nuit.* Plus tard, une petite vessie apparaît en son milieu. Si le chirurgien l'ouvre, il découvre une chair brulée et noirâtre.

Et la vérité on peult dire que le charbon et la bosse sont comme cousins germains lesquels ne vont guère l'un sans l'autre, et la matière d'iceux ne diffère seulement, sinon que celle de la bosse est plus crasse et visqueuse et celle du charbon plus acre, bouillante, furieuse et subtile. Et souvent la partie charbonnière ne suppure mais iette un morceau de chair nommé escarre et après este chute, demeure une ulcere cave sordide et de difficile curation[258].

Le lieu d'apparition du charbon est aussi important dans l'établissement d'un pronostic : si situé près du cœur, de l'estomac, du menton et de la gorge, il étouffe le malade et est donc considéré funeste. Les charbons suppurés et ouverts, qui dessèchent sans cause manifeste, ainsi que les grands anthrax

---

[258] Paré Ambroise, cité, 1582, page 48.

difformes, prédisent sans faute la mort imminente. Un nombre élevé de charbons, une localisation *proche de la bosse* et une consistance fibreuse sont également des symptômes de malignité.

D'autant que le charbon pestifere est ordinairement accompagné de grandes et excessives douleurs, il faut avoir égard de l'apaiser le plus que faire se pourra, d'autant qu'il n'y a rien qui abat plus les forces et les vertus que la douleur et ne dormir point. Et pour ce respect le chirurgien se contentera de doux suppuratifs qui relâcheront et ouvriront les pores en raréfiant le cuir brusté. L'épithème fait par une décoction de feuilles de mauves, guimauve, semence de lin, fleurs de camomille, huile de lys et un peu de thériaque est fort recommandé. En cette décoction seront trempez des linges comme compresses qui seront mises et laissées sur le mal[259].

La prise en charge du charbon est semblable à celle du bubon. Pour Louys Guyon Dolois, en 1673, dès que le charbon apparaît le praticien doit empêcher le malade de dormir. Le venin de l'anthrax doit être attiré à l'extérieur en lui plaçant au-dessus un citron mis sous les cendres et recouvert de thériaque. Comme pour le bubon, Dolois préconise un cataplasme d'oignons, de rue, de scabieuse, de levain, de thériaque et de jaunes d'œufs. Des ventouses, des scarifications, des sangsues sont pareillement indiquées dans la cure du charbon, notamment lorsqu'il est noir et menace une gangrène. Dolois décourage un traitement qui lui semble inhumain, cruel et mortel : appliquer sur le charbon une cuillère de fer rougi au feu. Pietro da Tossignano, deux siècles avant Dolois, préconise exactement les mêmes cures et ajoute également le stratagème du coq, posé vivant sur le charbon jusqu'à sa mort. Ambroise Paré, en 1582, déconseille des remèdes trop forts, chauds, visqueux et attractifs qui empêcheraient l'exhalation du venin. Le charbon est plutôt

[259] Traicté de la peste, cité, 1606, page 45.

aspergé d'huile thériacale avant d'être recouvert par une couche de laine grasse préalablement trempée avec le même mélange. Le lendemain la médication est remplacée par un cataplasme de farine d'orobe et oxymel (vinaigre et miel) qui facilite l'incision et la cautérisation. On observe constamment la même triade : ramollir, inciser, cautériser.

L'Archive de Venise consigne l'antidote *contre toutes les sortes de charbons et bubons* du docteur Gaspare Tolentino, en 1577, qui le propose aux Provveditori alla Sanità. Mais l'épidémie étant à son acmé et la poudre devant être préparée en mars, le médecin suggère de l'élaborer le printemps successif[260]. Le prix de sa poudre préservative et curative est de 12 sous pour les adultes et 8 pour les jeunes : aux pauvres reconnus, le remède devra être offert par l'administration sanitaire. Francesco Alessandri, en 1586, donne la recette d'un mélange à placer sur l'anthrax pour favoriser la chute de la croûte : de la thériaque, de la térébenthine, de la levure, de la suie de cheminée, du savon, du safran. Après l'excision de la croûte, l'ulcère est purgé. Encore une fois, les opérations chirurgicales sont accompagnées par une souffrance incommensurable et parfois les chirurgiens sont définis cruels par leurs propres confrères. Dans le traité des chirurgiens parisiens, en 1606, les auteurs dénoncent *quelques ignorans apprentis, qui sont si temeraires de cerner le dit charbon, le coupant tout à l'entour et emportent la pièce, ce qui est fort à craindre pour le flux de sang.* En 1583, Balthazar Du Huval, barbier-chirurgien de la ville de Paris, décrit de manière détaillée son intervention auprès de malades parisiens.

Je trouve le patient fort malade et le lieu bien infecté, ayant une aposthume à l'ayne et le carboncle au ventre, au dessus de la tumeur. Le carboncle est fort large et le patient avoit une grande fievre, estant fort altéré, commençoit à ressuer et à extravaguer en ses propos, des

---

260 ASV, Provveditori alla Sanità, Notatorio, Reg. 733, cc 95v-96v.

vomissements fort frequens. Nous començasmes à decoupper avec rasoüers et ciseaux les carboncles, de telle façon que la putrefaction estoit si grande à cause de la chair mortifiée et pourrie qu'aucunefois nous en coupions plus gros que le poing ou bien comme un gros œuf[261].

Du Huval visite également une famille composée par les parents et les deux enfants, dont la mère allaite le plus jeune. Les quatre présentent des bubons différemment localisés. Après avoir lourdement saigné le mari, il ventouse son bubon et scarifie son charbon, fort douloureux, dans lequel il place des emplâtres. En dépit de l'aggravation des enfants et de la mère, constatée le lendemain, cette famille se rétablit. Malgré le vide d'une cure adaptée, l'ignorance médicale, l'absence d'antibiotiques et de toute forme d'antisepsie, les recueils analysés montrent qu'une rémission est possible. Le chirurgien Du Huval rédige son texte immédiatement après une vague épidémique sévère et cite les patients qu'il a guérit par leur nom et prénom.

Pour quelle raison certains corps meurent au temps de pestilence et pas d'autres ? Et pourquoy dans une famille un meurt et pas l'autre ? Pourquoy dans une maison tous meurent et pas les voisins ? Cela advient pour la diversité des corps des malades, pour leur complexion ainsi que pour la diversité des causes qui agissent sur la pestilence[262].

Il est alors sensé de réfléchir aux potentiels bienfaits de la chirurgie des bubons et des carboncles, qui, en expulsant le pus et l'ichor de la tumeur, affaiblit la charge infectieuse et écarte la septicémie en multipliant les chances de survie. La chirurgie des apostèmes, bien que très douloureuse, était finalement la solution la plus raisonnable.

---

261 Du Huval Baltazar, cité, 1583, page 21.

262 Pietro de Tossignano, dans « Fasciculo de Medicina », cité, 1493, page 66.

Les « humiditates superfluae »

Ante omnia necessaria est evacuatio conveniensque est flebotomia.
Avenzoar

Les malades auxquels tu donneras sans attendre cette poudre seront délivrés de leurs infirmités et venins. Bol d'Arménie, terre scellée, sandalorum rubeorum, zedoarie, corallorum rubeorum, seminis citrini. Seminis acetosella e portulaca. Mélange tout et fais-en une poudre à administrer le matin à jeun. Mais je t'avertis, deux ou trois jours avant la quinzième de la lune ne prend jamais rien d'évacuatif[263].

L'état pathologique est donc prioritairement causé par un déséquilibre humoral. Les pléthores peuvent se résorber spontanément, par des émonctoires naturels, mais lorsque les exutoires physiologiques ne suffisent plus, la thérapeutique assiste ce devoir d'épanchement. Encore une fois, la peste est un venin qui pénètre à travers les pores et les méats de la peau, provoquant une corruption des humeurs : l'évacuation est donc une phase indispensable dans la stratégie thérapeutique contre l'épidémie. C'est aussi une exigence prophylactique : un corps propre, plus fort et gaillard, pourra mieux résister à la corruption. La théorie humorale enseigne que toute pléthore doit être purgée : le sang, le flegme, les biles jaune et noire. Nettoyer le

[263] Padre Frate Giovan Battista Napoletano delli Heremitani del Glorioso Santo Agostino, *Breve et utile trattato. E necessario à ciascuno per conservarsi sano nel tempo della peste e per liberare chi da quella fosse già tocco e infettato sicuramente*. Venezia, 1576, page 13.

corps signifie expulser les superfluités à travers la saignée, les vomitifs, les purges, les menstrues, les hémorroïdes, les sueurs.

Nous voyons des athlètes remplis de sang et très forts qui meurent des suites de la pestilence. Pourquoi ? Pour la faiblesse ? Non, pour la suffocation. Car leurs veines remplies d'une pléthore de sang ne permettent à l'humeur suprême de s'agiter et ainsi de se purifier de la vapeur riche en excréments. Les vierges et les veuves, qui sont remplies de sang et de semence, périssent pour la même raison[264].

Antérieurement, la saignée était préconisée tant par la médecine hippocratique que par Galien, qui n'émet qu'une réserve pour les pays très chauds ou très froids. Au Moyen Age, cela devient une pratique essentielle. Les recommandations quant à l'*inanitione corporis*, bâties autour du concept de « vider » le corps des humeurs malsaines, conduisent à l'abus de la phlébotomie, pensée comme une purification sanguine finalisée à extirper le venin logé dans le sang. La phlébotomie est alors universellement conseillée, bien que les directives puissent différer quant à la méthode, au lieu, à l'âge et au moment astrologique.

Il faut pratiquer la saignée jusqu'à l'évanouissement en vue d'éteindre l'ardeur des fièvres, mais on peut dire que, à moins qu'elle ne soit accomplie au moment qui convient et avec la mesure qu'il faut, ce n'est pas une petite nuisance qui s'ensuivra. J'ai réellement vu deux hommes périr entre les mains mêmes des médecins : ils s'évanouirent et ne revinrent plus à eux. Beaucoup, bien qu'ils ne décèdent pas immédiatement, le font cependant par la suite, à cause de l'état de fatigue de leurs forces. Or, si l'on avait, chez ces derniers, procédé à une évacuation de sang sans détruire leurs forces, ils n'auraient pas péri. Et quelqu'un tombe dans une longue maladie parce qu'à la suite de l'évacuation démesurée, ses forces ont été défaites[265].

---

[264] Argenterio Giacomo, cité, 1598, page 78.
[265] Galien, *Méthode de traitement*, cité, page 524.

Cet acte chirurgical est généralement effectué par les barbiers mais rigoureusement prescrit par les médecins, qui pallient le manque des forces après les ponctions par des conseils alimentaires (viandes de facile digestion, accompagnée par du jus d'oseille ou du vinaigre, de l'or potable[266] en boisson, du vin). Ce n'est que le médecin qui décrète la date, l'heure et le lieu du corps les plus indiqués pour exécuter la saignée. Samuel Kohn cite le médecin sicilien Giovanni Filippo Ingrassia, en 1579, qui somme le barbier à la présence constante d'un médecin pendant la saignée pour prendre le pouls du malade et déterminer la quantité de sang à prélever en fonction de la *complexio* de l'individu. Si la maladie est chronique, la phlébotomie est effectuée autour du périmètre de l'organe malade, alors qu'une affection aigue détermine la ponction dans le secteur opposé. Les enfants, les femmes enceintes, les personnes âgées, les hommes ivres ne doivent pas y être soumis, mais les tempéraments sanguins peuvent être davantage saignés que les autres.

Avant la dix-septième année, ne vous pressez jamais d'ordonner la saignée. Elle ôte trop d'esprit. Craignez l'épuisement qu'elle cause à coup sûr dans un age si tendre. Il est vrai que le vin peut le lui rendre, mais les humeurs par l'aliment se réparent plus lentement. Une saignée à propos faite rend la vue plus forte, plus vive et plus nette, soulage l'estomac, dégage le cerveau, désopile un viscère, échauffe la moelle, donne à l'ouïe et à la voix une force nouvelle, procure un doux sommeil, ôte un triste bandeau et même de la parque allonge le fuseau. La saignée adoucit le courroux, la tristesse et les transports dangereux, dont une fatale ivresse agite un cœur amoureux. Après la veine ouverte, il faut, si possible, six heures résister aux charmes du sommeil. Ses vapeurs agissant sur le corps trop sensible, pourraient bien attirer un funeste réveil. Ne mangez point, surtout point de laitages. Ne prenez point de froid. Nul excès de boisson, c'est après la saignée un dangereux poison. Si vous allez à l'air, qu'il soit pur, sans nuage. A

[266] Les qualités de l'or potable sont liées à la pérennité de ce métal, à sa valeur, sa couleur et à sa dureté.

tout homme en tel cas le repos est très bon et le moindre travail peut faire un grand dommage (École de Salerne).

Aldebrandin de Sienne, au XIIIe siècle, exhorte à la saignée lorsque la pléthore sanguine est à son comble et *l'orine est rouge, espesse et obscure*. Les individus *trop nourris de viande, de pain et de bon vin, au visage et aux yeux rouges,* qui ne rêvent que de choses rouges, dont le corps est velu et les veines sont larges et plaines, bien charnus et bruns doivent fréquemment s'y soumettre. Si le patient n'y est pas accoutumé, sa nature et sa *complexio* peuvent en souffrir, mais dans la plupart des cas, la saignée garde le corps et remue les fièvres, les apostumes et les pestilences. Le printemps et septembre sont les meilleures périodes, de préférence les jours chauds et humides, le matin, après avoir vidé les superfluités du corps. En hiver on saigne du bras gauche et en été du bras droit. Après la ponction, il est défendu de dormir, car le sommeil restaure les chaleurs corporelles qui réchauffent et bouillissent le sang, en favorisant la réouverture des veines, cause de fièvres et même du brisement des membres. Pas de bain après l'opération, pour éviter de s'appesantir, pas de banquets lourds. Lors d'une saignée les prélèvements sanguins ponctionnent jusqu'à un litre de sang : Giovanni de Noto constate le péril d'une telle pratique et conseille plutôt de saigner plus souvent en prélevant chaque fois une quantité de sang limitée. En dépit de ces mises en garde, les saignées sont effectuées à outrance, jusqu'à la syncope.

Vous devés savoir que li sainniers wide les humeurs qui sont dedens les vaines ki vont par tot le cors et tel widement n'estuet nul oume faire fors que par besogne. Li premiere si est quant li sans habonde trop, que on se puist maintenir en santé et la maladie eskiwer, qui par sanc puet avenir. Li seconde est puis que li hom est malades, por les maladies remouvoir. Les vainnes de la tête qui sont usees de sainnier si est : li vainne en milieu du front, les deux vainnes qui sont les temples, les deux vainnes qui sont derriere les oreilles, deux vainnes qui sont as angle iex, deux vainnes dessous la langue, quatre vainnes ki sont es levres et une vainne qui est entre le levre et le menton[267].

Les veines ponctionnées sont celles du cœur, du foie, de la rate, du ventre, des chevilles (*siatike et saphene*), de la gorge, des doigts, de l'aine et des orteils, en faisant attention à la distinction entre veines et artères, ces dernières étant *celles qui battent.* Les deux artères de la tête sont *périlleuses* et ne sont saignées que contre *reume et apostumes*. Les deux veines situées aux angles des yeux sont mises à contribution pour soigner les migraines et les maladies des yeux *mais gardés que li lancete ne voist trop dedens, por ce qu'il a grant peril.* Les points d'application dépendent donc du genre d'affection : la langue et les lèvres pour la sphère stomatologique et la gorge, le menton pour soigner la mauvaise haleine, le ventre l'hydropisie. La veine du milieu du front est saignée pour toutes les douleurs du chef, pour la fièvre, la léthargie et la migraine. Les oreilles pour les problèmes d'audition, les tempes pour rectifier la pléthore. Le cou est saigné dans des cas de lèpre, les bras pour fortifier le cœur et pour soigner ceux qui *crachent sang* et ont courte haleine : *une personne pourrait mourir soudainement par faute d'une telle saignée*. La saignée à la veine du foie, prise au bras, affaiblit la grande chaleur du corps, remédie aux fièvres jaunes et aux pleurésies. Entre les doigts de la main on soigne l'estomac et les côtes.

En chacun pied sont trois veines dont y a une sous la cheville du pied par dedans, qui s'appelle Saphène, laquelle on seigne pour diminuer bosses, apostumes, qui viennent autour des aynes et vaut bien aux femmes pour faire venir leurs menstrues en bas. Item entre le pied et le gros orteil à une veine laquelle on seigne pour épidémies qui prent soudainement par trop grand abondance d'humeurs. Au bout du nez on

[267] Aldebrandin, cité, page 35.

fait une saignée laquelle vaut bien au visage rouge et hebeleux, gouttes, rouge pustules et autres infections du cœur[268].

Pour exécuter une phlébotomie, le barbier et le chirurgien choisissent entre plusieurs méthodes. La « lancette », qui est le bistouri de l'époque, une lame très affilée qui incise la peau et la veine sur un centimètre, en suivant sa direction pour un grand vaisseau ou en direction oblique pour une veinule. Le sang gicle dans une petite bassine en étain et, en dehors des périodes épidémiques, sa densité, sa couleur et également sa saveur sont examinées par le médecin. Un autre procédé fait appel aux sangsues, en évitant celles vivant dans les mares, ayant une grosse tête et une couleur entre noir et vert, réputées comme venimeuses et porteuses de maladies. Les sangsues les plus indiquées demeurent dans des eaux courantes, ont une petite tête, de couleur sombre avec le ventre rouge. Elles sont vendues par l'apothicaire et sont appliquées sur la peau après sa scarification. Leurs 90 dents très coupantes pénètrent dans les entailles et aspirent le sang.

Devant ke vous mettés les sansues, vous les wardés un jor puis qu'elles seront prises, et les metés en ewe froide et clere pour espurgier ce qu'eles aront au ventre et seroit bon de les nourrir de sanc d'aigniel. Là où on doit les mettre, on y met de sanc de bœuf por plus tost prendre. Quand ele seront plaines et vous les volés oster, prendés de cendre, ou de sel. Après, si couvient c'on leve le lieu de bonne ewe caude[269].

Une autre technique a recours aux ventouses, qui sont appliquées à l'aine, dans le dos, sur les cuisses et les chevilles afin d'attirer

---

[268] *Le grand calendrier et compost des bergers : composé par le berger de la grande montagne, avec le compost manuel reformé selon le retranchement de dix jours et le calendrier grégorien. Plus y est adiousté la manière comme se doit gouverner le berger pour empescher qu'aucuns sorciers ne facent mourir leurs trouppeaux*. Rouen, chez la Vefue de Louys Costé, Aux trois couronnées, page 227 et suite.

[269] Aldebrandin, cité, page 44.

le sang et les liquides à la superficie de la peau et évacuer ainsi les humeurs malsaines. La peau est ensuite entaillée pour faciliter l'application des sangsues. Les ventouses sont utilisées également pour attirer une humeur vagabonde vers son site naturel (on posait des ventouses sur les seins afin de soigner des maladies féminines dues à une pléthore humorale), pour faciliter l'expulsion du contenu d'un abcès, pour réchauffer les membres à travers le sang que la ventouse attire dans le lieu voulu et pour faciliter le retour d'un organe qui a migré, comme l'utérus chez les hystériques. Angelico Vespasiano, en 1577, rase la partie antérieure du crâne et applique des ventouses sur le front pour soigner les insupportables migraines qui accompagnent la peste.

Puisque la saignée est une évacuation du sang et que le sang a son utilité pour la nature, il faut sans aucun doute que celle-ci ait lieu comme il se doit, en évacuant ce qui n'est d'aucune utilité. Or le sang devient inutile à la nature de deux façons : ou bien il ne conserve pas rigoureusement sa propre qualité et n'est plus capable de nourrir comme avant d'une manière utile, ou bien sa pléthore devient telle qu'elle alourdit les forces ou tend les artères ainsi que les veines, les fait éclater ou les obstrue[270].

Les *tabulae* et les *codex* de la saignée reproduisent la position des veines, ainsi que les jours favorables ou mauvais, selon un calendrier astrologique rigoureux qui tient compte, entre autres, du signe de naissance de l'individu. La phlébotomie doit respecter la correspondance entre les points de saignée, le zodiaque et les phases lunaires : la nouvelle lune est contre-indiquée alors que la pleine lune est favorable car « pléthorigène ».

La phlébotomie est l'évacuation universelle de toutes les humeurs. Celui qui est fiévreux pour trop de sang, ou pour sang putréfié, que son

[270] Galien, *Méthode de traitement*, cité, page 527.

sang soit diminué par tous les temps sauf lorsque la lune sera au milieu du signe des Gemeux[271].

Le Calendrier des bergers est un précieux outil éducatif. Publié en France à partir du XVe siècle, c'est un traité qui disserte d'arguments pratiques (anatomie, agriculture, médecine, artisanat) en ayant un recours systématique à l'astrologie. « *Le grand calendrier et compost des bergers : composé par le berger de la grande montagne, avec le compost manuel reformé selon le retranchement de dix jours et le calendrier grégorien* » ici utilisé n'est pas daté, bien que vraisemblablement publié vers la fin du XVIIe siècle, le calendrier grégorien ayant été introduit en 1582. Ce manuel établit une concordance entre les signes zodiacaux et la saignée, en discriminant les signes considérés comme mauvais, caractérisés par trop de froideur et de sécheresse, qualités se trouvant à l'opposé de l'humeur suprême.

Aries est bon pour faire saigner. Chaud et sec de nature de feu, gouverne le chef, c'est la teste et la face de l'homme, lequel est bon pour saigner.
Taurus mauvais pour saigner, sec et froid, nature de terre, gouverne le col et le dessous de la gorge.
Gemini mauvais à saigner. Chaud, humide et nature de l'air, gouverne les épaules, les bras et les mains.
Cancer indifférent pour saigner, froid et humide, gouverne la poitrine et les poumons.
Leo est chaud et sec de nature du feu, gouverne l'estomac, le dos et les costez. Mauvais pour saigner.
Virgo indifférent pour saigner. Froid et sec de nature de terre, gouverne le ventre et les entrailles.
Libra est chaud et humide, nature de l'air, gouverne le nombril, les reins et la basse partie du ventre, bon pour saigner.

---

271 Fasciculo de medicina, « Utilità della flebotomia », « Venezia e la peste : 1348-1797 », Comune di Venezia, Assessorato alla cultura e alle belle arti, Venezia, Marsilio, 1979, page 40.

Scorpius est chaud et humide, nature de l'air, gouverne les parties génitales, il n'est bon ni mauvais pour saigner.
Sagittarius est bon pour saigner, chaud et sec nature du feu, gouverne les cuisses.
Capricornus mauvais pour saigner. Froid et de nature de terre. Gouverne les deux genoux.
Aquarius indifférent pour saigner, chaud et humide nature de l'air, gouverne les jambes.
Pisces indifférent pour saigner. Froid et humide de nature d'eau, gouverne les pieds[272].

La littérature médicale sur la peste, de même, recommande de purger le corps des *superfluitas* et de la pléthore sanguine, qui favorise la corruption. Mais les opinions divergent. Le médecin et astrologue toulousain Claude Fabri (nom certainement italianisé par le traducteur de son traité, Argenterio, en 1548) insiste sur l'administration de juleps et sirops pendant les trois jours suivant la saignée. Le quatrième jour un remède laxatif, le cinquième une purge pour le cerveau (lorsque la saignée n'est pas parvenue à amoindrir sa lourdeur et sa pléthore humorale) et le sixième les hémorroïdes seront incisées pour en faire découler le sang vicié. Il déconseille de saigner les pestiférés immédiatement après les premiers symptômes, suggérant ainsi de préserver leurs forces vitales. Le venin n'étant qu'au début de sa pénétration dans le corps, son action corruptrice ne peut pas avoir affecté le sang. La saignée est donc pour lui une opération obligatoire, mais uniquement lorsque la peste est déjà installée. Julien Le Paulmier, en 1580, pense au contraire que cet acte doit intervenir dès le premier jour :

---

[272] *Le grand calendrier et compost des bergers : composé par le berger de la grande montaigne, avec le compost manuel reformé selon le retranchement de dix jours et le calendrier gregorien. Plus y est adiousté la manière comme se doit gouverner le berger pour empescher qu'aucuns sorciers ne facent mourir leurs trouppeaux.* Rouen, chez la Vefue de Louys Costé, Aux trois couronnées. Page 226.

Si pour une trop grande plénitude ou corruption d'humeurs, la saignée se trouve nécessaire, comme il advient parfois pour les fièvres pestilentes, on tirera du sang de la Céphalique si la tumeur est en la gorge, de la Basilique du costé du bubon ou de la saphène du mesme coté. Cela se fera dès le premier ou second jour, après avoir vidé le ventre par quelques clysteres et après avoir fortifié le cœur et les vertus d'aliments convenables et de quelques bons antidotes[273].

A l'instar de Julien Le Paulmier, Giovanni da Vigo, chirurgien de Jules II en 1556, dont le traité est cité par Samuel Kohn, met en garde sur les possibles dangers de la saignée, qui, en cas de peste, ne doit être appliquée que le premier jour de la maladie, car déjà lors du second, le poison a bien trop circulé dans l'organisme et la ponction affaiblit le patient. Nicolo' de Burgo cite Avicenne quant aux devoirs d'extraction des *humiditates superfluae* du corps et soutient la saignée à outrance, toutefois moins en été qu'en hiver et en accord avec la robustesse de l'individu.

Quand le venin pestiféré n'est encore arresté en une partie, par une bosse ou charbon, il vague et erre d'un lieu à autre et se meut furieusement, comme la beste sauvage qui est en ruth et en amour, avec douleur, qui ne donne aucun repos au pauvre malade à cause de la grande malignité veneneuse et furieuse, qui ne cherche qu'à accabler le cœur et les autres parties nobles. Pourquoy sans aucun délai il convient vider et évacuer ledit venin par des vomissements, des flux de ventre, sueurs et toutes les autres évacuations[274].

La phlébotomie est considérée utile lors de la présence d'un bubon ou d'un anthrax, afin d'expurger les humeurs putrides responsables de sa formation : dans ce cas, elle est généralement réalisée dans une veine proche des tumeurs. Si le bubon apparaît dans l'aine droit, les auteurs du XIVe siècle préconisent

---

[273] Le Paulmier Julien, cité, 1580, page 25.
[274] Paré Ambroise, cité, 1582, page 56.

généralement une saignée du pied droit, en réglant la quantité de sang extrait en fonction de la force de l'individu, mais si le bubon est à l'aine gauche ou aux aisselles, *potest flebotomare vena epatis.* Pour Pietro di Tossignano, si le bubon se trouve derrière l'oreille, il faut saigner depuis la veine de la tête, s'il est localisé à l'aine, depuis la veine saphène. Giovanni de Dondi est d'avis de prélever du sang depuis la tête du malade afin d'en extraire le poison pesteux : *fiat flebotomia de vena capitis secundum indigentiam.* Angelico Vespasiano, en 1577, affirme qu'un bubon de l'aine réclame une saignée de la veine du pied du côté de l'infection, où ensuite on place un emplâtre.

Le médecin doit induire le vomissement chez le pestiféré tant le premier que le deuxième jour, par une décoction d'agaric et fenouil. Dès la fièvre et la migraine, il faut le saigner par les hémorroïdes avec des sangsues. Si survient la léthargie, il faut frotter les membres très vigoureusement. Lorsque la frénésie s'installe, n'administre plus de choses dont la qualité est chaude mais uniquement acide[275].

Le sang n'est toutefois pas la seule humeur nécessitant une évacuation. En temps de peste, la surabondance de tous les fluides corporels doit être réduite par d'autres voies : purgatifs, clystères, vomitifs, diurétiques, herbes et simples emménagogues ou sudorifères. Julien Le Paulmier, en 1580, pense que la sudation est indispensable au pestiféré pour le maintien du juste équilibre humoral, surtout durant les premiers jours de la maladie et en particulier pour les *complexiones* cholériques chaudes et sèches qui risquent d'*allumer une chaleur trop intense*.

Il faut que le malade soit bien eschauffé devant le feu, puis subitement le coucher chaudement et le bien couvrir pour le faire suer deux ou trois heures, selon que le personnage le pourra endurer. Et si la sueur ne venoit aysement, on luy appliquera des grais et tuilles chauldes

[275] Squarcialupi, cité, 1565, page 54.

misez aux piedz, ou bouteilles remplies de eauë chaude ou des vessies de porc et le faire très bien suer, car la sueur en tel cas est une des vraies purgations des humeurs qui causent la peste[276].

Le malade doit transpirer abondement. Des potions assistent le médecin en ce sens, dont les ingrédients principaux sont la sauge impériale, la cannelle, le pavot et la poudre de corne de cerf. Sur le fond du lit, près des pieds, des sachet remplis d'avoine assurent la sudation, ainsi que des cataplasmes de graines de lin placés sur l'estomac. Francesco Alessandri, en 1586, associe la transpiration avec l'évacuation du venin pesteux et invite à débuter tout traitement par des sudorifères. Il établit ainsi une prescription qui unit l'eau distillée de noix, le sang de cigogne, le dictame blanc, la tormentille, des perles, du bol d'Arménie, de la gentiane, de la valériane, des graines de cédrat, du fenouil, du santal. La décoction sudorifique est administrée au patient qui doit suer au moins trois heures. Un autre breuvage pour induire la transpiration suggère de macérer dans du vin blanc le chardon bénit, la verveine, la scabieuse, la rue, la sauge, le calendula. Deux onces de ce macérât seront administrées au patient, en l'obligeant au lit en attendant les sueurs.

Se peigner le matin vers l'arrière pendant au moins une octave d'heure. Dégager en dehors toute superfluité tant par le nez que par la bouche, en crachant, raclant et toussant. Se gargariser par de l'eau vinaigrée. Faciliter les évacuations habituelles : vomissements, flux corporels, menstrues, fistules[277].

En temps pestilentiel, il faut donc purger et vider le corps de tout excrément vicieux. Le vomissement est une autre stratégie servant la théorie humorale. Des graines d'ortie en poudre, la racine d'acoro dissoute en eau d'orge, le sirop de menthe densifié par la cuisson, la racine séchée du melon, du cinnamome et de la

---

[276] Houel Nicolas, cité, 1573, page 27.
[277] La Torre Francisco, cité, 1528, page 8.

graine de fenouil sont, pour Augenio Orazio, en 1577, les émétiques les plus indiqués. Marcello Squarcialupi, en 1565, préconise le vomissement hebdomadaire prophylactique et curatif, sauf si la personne est faible de vue ou souffre de vertiges. Une miniature du XIVe siècle conservée dans la Bibliothèque Casanatense à Rome, montre deux femmes aidant un homme vomissant une matière liquide et rouge. La légende dit « *Le vomissement est par sa nature une expulsion des humeurs à travers la voie de la nourriture. Le meilleur vomissement est celui que s'effectue facilement par ceux qui ont une poitrine large. Il est avantageux à l'estomac et aux extremités inférieures du corps* ». Déjà Avicenne jugeait le vomissement profitable pour purger l'estomac des mauvaises humeurs, pour nettoyer le corps et la tête du surplus en l'allégeant, pour renforcer l'appétit. La pratique d'induire les vomissements est largement répandue : le *consilium* du XVIe siècle vante les vertus thérapeutiques de la régurgitation autant que moyen pour purifier l'estomac et le foie. L'auteur suggère une expulsion hebdomadaire par l'ingestion, une heure après le repas, d'une tasse d'eau tiède et vinaigre. Pour se préserver de la peste il est conseillé de vomir au moins deux jours à la suite par mois, afin de vider le corps des surabondances du premier jour durant le second. Après un repas composé d'oignons, de poireaux, d'eau d'orge, de miel, de vin doux et de l'ellébore, pris le matin, à jeun, deux heures après l'aube, la personne est bandée avant de vomir. Ensuite elle doit se rincer la bouche avec de l'eau vinaigrée et éviter la saignée au moins trois jours. Un trop fort vomissement, avec angoisse, sueur et rougeurs des yeux et du visage est absolument à proscrire, l'individu étant en péril de mort. L'abus de cette pratique *dessèche le corps, blesse le foie et les poumons, affaiblit l'estomac*, notamment pour les femmes enceintes ou ceux qui souffrent *d'haleine courte, qui crachent le sang et qui ont l'estomac faible.* Francesco Alessandri, en 1586, rédige une recette émétique pour le moins surprenante : la thériaque, le jus de verveine, le vin aromatisé. Le tout mélangé avec de l'eau issue des selles humaines. Il décourage la pratique d'induire le vomissement juste après le diner, qui facilite l'ouverture de la poitrine et l'accès de la peste. Pour Alessandri, toute évacuation est positive car elle consomme *et détruit la putrefaction.* En 1606, le Traicté de la peste fournit une astuce vomitive : boire rapidement de l'huile d'olive mélangée à de l'eau puis *mettez votre doigt en la bouche ou le bout d'une plume pour faciliter le dit vomissement.*

Aucuns ne méprisent l'antimoine pour purger les pestiférés affirmant qu'il est poison d'autant que par la calcination il acquiert une nature de feu. Estant non calciné, ils disent qu'il ne convient à nostre nature laquelle consiste en chaleur et humidité. Nous dirons seulement que l'antimoine cru ou calciné il démontre toujours une vertu propre particulière qui est admirable et divine, en ce qu'il faict sortir grande quantité d'excréments tant par vomissement, que par flux de ventre, que par la sueur[278].

Purger signifie se débarrasser, nettoyer. Dans le cas d'une surabondance de flegme, des décoctions de bourrache, fenouil, persil étaient prescrites. Et surtout, des épices comme la cannelle, le safran, la cardamome. L'humeur mélancolique était chassée par de l'oxymel, pris le matin et aux vêpres. Les poudres sternutatoires étaient employées pour vider les narines et la tête à travers des éternuements. La purgation est destinée à faciliter l'évacuation des humeurs par des médicaments appropriés et par des actions précises.

Pour faciliter le *flux de ventre* (expulsion des selles apparentée à une diarrhée), les pilules purgatives de Nicolas Houel, apothicaire à Paris en 1573, sont préparées avec de la rhubarbe, de l'agaric, de l'aloès, de la myrrhe, du crocus, de la racine d'angélique et de la thériaque. Mais avant l'administration, la

---

[278] Houel Nicolas, cité, 1573, page 43.

pose d'un clystère ou d'un suppositoire facilite l'évacuation. Le lavement épure les organes internes : réalisé à domicile par les barbiers ou les apothicaires, le clystère est effectué à travers la pose d'une vessie de porc jointe à une canule de sureau par un tuyau de cuir dans laquelle une décoction tiède, préparée avec plusieurs herbes, est injectée. La recette de lavement anti-peste du *consilium* de l'anonyme génois, au XVe siècle, contient de la mauve, des violettes (plantes laxatives), de la bourrache (diurétique et cholagogue), de la scabieuse (régulatrice de la température) et du sucre (asséchant et réchauffant).

Et après fault descharger le corps de toutes les superfluitez se donnant garde sur toutes choses que le ventre ne se resserre. Et pourtant si de luy mesme il ne s'ouvre, il le faudra lascher avec les pilules de Ruffus (aloés, safran, mirrhe avec du vin blanc), clysteres remolitifz ou suppositoires[279].

Francesco Alessandri, en 1586 recense une liste de simples laxatifs à composer dans une recette : ellébore, fientes séchées de colombe, aloès, agaric, sel, absinthe, encens, oxymel et sérum de lait. L'auteur affirme que *le ventre doit bouger au moins une fois par jour*, autrement une aide est nécessaire, par des clystères et des suppositoires, ou encore par la consommation de pruneaux cuits au sucre ou de deux drachmes de poudre de bitartrate de potassium (*cremor tartaro*).

Prenez donc un peu d'Ellébore (mon grand amy) pour purger les malignes humeurs hypocondriaques, causées de ces vapeurs qui vous esblouyssent le jugement, je le conseille en médecin et en amy : si ce remede n'opere, accusez-en le mal qui est invétéré et ne vous en prenez pas à moy[280].

---

[279] Idem, cité, 1573, page 15.
[280] Gabriel Clement, cité, 1626, page 21.

Pour Marcello Squarcialupi, en 1565, les *excréments très impures* doivent être expulsés par des laxatifs constitués de simples adaptés aux tempéraments : pour le colérique la rhubarbe (l'un des grands purgatifs du Moyen Age), le flegmatique doit faire usage d'agaric (ce champignon est considéré une purge de toute humeur), le mélancolique de bol d'Arménie ou de fumeterre (régulateur du flux biliaire en excès chez un mélancolique), alors que le sanguin doit se purger par de l'anis, du fenouil et de la sauge (asséchants, diurétiques, régulateurs du météorisme). Ces laxatifs, administrés afin de *trahere ad inferiora materiam*, sont surtout des tisanes, des décoctions à prendre au printemps pour une finalité préservative, de jour s'il fait froid et de nuit s'il fait chaud. Les colériques et les sanguins supportent moins bien les laxatifs, alors que les flegmatiques et les mélancoliques doivent être purgés davantage, car leurs humeurs sont plus lourdes. La faiblesse de la *complexio* des enfants et du grand âge doit être respectée par des laxatifs plus délicats. De manière générale, les constitutions fortes et en chair peuvent être purgées davantage que les maigres et chatives. La faiblesse organique féminine doit être considérée. Les pays froids engendrent des humeurs *grosses et pesantes* qui conduisent à l'utilisation de laxatifs plus énergiques, comme rhubarbe, aloès, casse, séné[281], tant en usage prophylactique que curatif. Le séné, après avoir été trempé dans l'eau, est bouilli dans un bouillon ou dans un jus de pruneaux. Après l'avoir passé par un linge net pour en retenir les impuretés, il est administré quelques heures avant le dîner. Gentile da Foligno, en 1348, recommande un électuaire fortement évacuatif pour *cordis confortationem et pestis reparationem*, constitué de *bolus armenus*, safran, myrrhe, aloès, camphre, santal, perles, ivoire, santal, perles, diamargariton,

[281] Vraisemblablement, le séné conseillé ici devrait être la *Senna Alexandrina*, une plante médicinale purgative intestinale cultivée plus particulièrement en Nubie, nommée également *Cassia Augustifolia*, à ne pas confondre avec la *Cassia Lignea*, *Cinnamonum Cassia*, le cannelier de Chine.

émeraudes, ambre, ivoire, os du cœur du cerf et corne du cerf, sucre, gentiane.

Coriandre : Carminatif, antispasmodique, digestif, réfrigérant.

Citron : Acidité recommandée anti-putréfaction, sec et froid.

Le tout, mélangé avec du julep de rose. Cet électuaire, composé par quinze ingrédients aux propriétés carminatives et diurétiques, contient des simples qui proviennent, comme l'os du cœur du cerf, du monde irrationnel, magique et fantastique des talismans protecteurs et de la doctrine des signatures.

En accord avec la médecine médiévale, une vie saine et la préservation de la peste ne sont pas envisageables si les orifices, les pores et les méats que la nature utilise pour sortir les immondices du corps sont bouchés ou altérés. La peau se libère de l'humidité salée qui est la sueur. Par les yeux, le cerveau se purge de sa pituite et par les oreilles sort l'amertume cholérique. A travers le nez et la bouche s'écoulent les excréments visqueux. Pour le praticien médiéval, sous la mandibule, sous les bras, derrière les oreilles, aux aines, existent des glandes qui purgent le cerveau, le cœur, le foie. Les hémorroïdes purgent la rate, vomir aide l'estomac et le foie, le flux de ventre (la diarrhée ou les dysenteries[282]) et les menstrues doivent être facilités. Durant les épidémies de peste, la thérapie se fonde sur le concept d'ouverture des pores pour faciliter le passage des humeurs, mais également sur les perspectives de drainer, éliminer, évacuer les humeurs porteuses de poison, ce qui signifie lutter contre la corruption pesteuse. Les pléthores venimeuses doivent donc être chassées par voie thérapeutique ou par acte chirurgical.

---

[282] La dysenterie est une diarrhée compliquée par des émission de glaires ou de sang.

Dans les lazarets, à Venise, la peste se manifestait avec toute sa virulence : bubons très douloureux, charbons, taches rouges, noires et violettes et des signes comme des coup de fouets sur le corps. En plus, il y avait de la fièvre ; migraine, soif, vomissement, selles fétides et souvent remplies de vers, parfois du délire. Le traitement médical, fondé sur le concept de vider le corps des venins de la peste, était lui-même une torture. On utilisait la saignée, par l'incision de la veine, ou les sangsues, ou les coupelles, ou la scarification (incisions sur la peau). On appliquait des substances ulcératives produisant des vessies qui venaient ensuite faites éclater afin d'en sortir le venin. Les bubons et charbons étaient assouplis avec des onguents et ensuite incisés avec une lancette ou cautérisés. On administrait des laxatifs et des clystères[283].

---

[283] Richard J. Palmer, *L'azione della Repubblica di Venezia nel controllo della peste*, dans « Venezia e la peste », cité, page 107.

Conclusions

La santé est un compromis permanent
Hippocrate

Les trois siècles qui s'étirent entre 1348 et la fin du XVIIe siècle, en Europe, sont affligés par une mortalité générale très élevée. De fléaux épidémiques et endémiques sévissent avant et après l'arrivée de la peste. Parmi tant d'autres, la lèpre, endémie qui traverse tout le Moyen Age, ainsi que la syphilis, probablement emportée par les galions revenant du Nouveau Monde. De même, la variole, qui répand sur le corps des enfants des innombrables pustules disgracieuses ; la scrofule, une adénopathie d'origine tuberculose guérie par les rois thaumaturges ; sans oublier les dysenteries, les fièvres, la mortalité infantile. Cependant, pour les contemporains, la plupart des pathologies touchant les adultes sont aisément explicables : elles ne sont que les manifestations de la punition divine pour une faute individuelle, liée tout particulièrement à la luxure dans le cas de la syphilis et de la lèpre. Ces maladies font partie du paysage médiéval, du quotidien de toutes les catégories sociales. L'homme a appris à partager son monde avec elles et s'en est accommodé.

La peste noire se diffuse brutalement, par les déplacements commerciaux maritimes, notamment à travers la circulation des draps et de tissus. Les marchands drapiers, responsables dans un premier temps du transport des rats et de leurs puces dans les cales de leurs navires, contribuent au développement et à la stabilité de la gens murine en lui offrant une intronisation dans leurs dépôts. Dans ces conditions, la violence de l'impact de la peste est inédite, la mortalité est hypertrophique, le choc psychologique incommensurable. Aux yeux de la population médiévale, nul autre mal comporte une létalité absolue et un châtiment incessant qui punit sans aucun égard de l'âge, du sexe ou même du rang. Aucune explication n'est rationnellement plausible. Le malheur de la peste n'est pas une sanction pour un péché individuel : ce n'est qu'un sacrilège accompli collectivement qui peut avoir suscité ce désastre radical, fortuit et sanguinaire.

Les signes de la mort imminente sont le délire continuel, la recherche des mouches ou des poils avec la main, la verge tendue, le flux de sang du nez, les extremités livides et froides, les sueurs froides, le souffle difficile, l'haleine fétide, difficulté à avaler, les vomissements, répandre sa semence sans volonté propre, le ventre gonflé, les urines troubles, puantes, noires. Il me faut cependant avertir que l'issue de la maladie est incertaine et il arrive que même le plus grave et pleuré comme mort, il peut finalement guérir[284].

Selon le témoignage de Francesco Alessandri, le trépas pour la peste porte en soi un corollaire de stigmates qui rendent ses morts très facilement reconnaissables parmi les autres. Au premier abord, ils semblent empoisonnés ou mordus par des animaux venimeux ; bien plus pâles que les autres défunts et certainement davantage gonflés, ils ont la bouche, le nez et les oreilles noires. Ils arborent un teint de plomb, entre verdâtre et noirâtre et leur corps est parsemé de tâches. Certains, même, dévoilent des ulcères noirs sur la peau, des abominables apostèmes et des aines enfumées. Pire : les pestiférés, immédiatement après leur décès, émanent déjà une atroce puanteur.

---

[284] Francesco Alessandri, cité, 1586, page 66.

Les manifestations de la mort ainsi décrites appartiennent à l'environnement européen pendant quatre siècles, au moins entre la Mort noire de 1348 et la peste de Marseille en 1722, lorsque le mal sévit par ondées périodiques qui alternent la violence à la modération. Il est alors raisonnable de supposer qu'aucune génération européenne durant ces quatre siècles n'ait pu être épargnée, car celui qui a la chance de survivre à l'une de ces crises épidémiques, n'est pas systématiquement immunisé pour celle d'après. La faible possibilité de survie offerte par la chirurgie des bubons ne réprime guère les effets dévastateurs de la peste, qui affectent tous les domaines de la vie courante. L'expérience de la peste demeure éternellement inscrite dans la mémoire collective de tous les peuples, sans aucune borne géographique.

En 1348, dès l'arrivée de la Peste Noire, la profession médicale subit une crise : la maladie, toute nouvelle, semble ne pas avoir de précédents. En isoler les causes et trouver des moyens de réponse adaptés est alors un défi : comment parvenir à appliquer la doctrine humorale à la soudaineté et à l'effrayante mortalité de la crise épidémique ? Il en résulte un exercice difficile mais très créateur, qui aboutit à la genèse des premiers exemples de littérature sur la peste, tentative complexe d'affronter la maladie et de s'en protéger, mais surtout de défendre la classe médicale face aux accusations généralisées d'incompétence. Après l'examen de ces textes, les relations entre les épidémies de peste et les concepts fondateurs de la médecine médiévale, malgré son impéritie et sa vision hautement limitée du corps et de la santé, semblent davantage élucidées, à travers le prisme de l'humorisme. Le corps est donc un organisme instable, soumis aux mouvements, aux volontés et aux déséquilibres de ses quatre humeurs. Dans la lutte contre le fléau, tous les praticiens sont également impliqués. Bien que le médecin demeure décisionnaire de la pertinence des interventions thérapeutiques curatives et préservatives, ainsi que de tout acte chirurgical, le rôle mécanique du chirurgien et du barbier, qui exécutent ses décisions, est fondamental et extrêmement périlleux. Quant à l'apothicaire, technicien du médicament, il jaillit de sa primitive position commerciale pour revêtir un habit purement médical tout en abandonnant progressivement ses activités annexes. La corporation lui donne tant la légitimation que la protection indispensable à son ascension : il devient ainsi l'instrument vital des thérapies pharmacologiques contre la peste. Durant l'épidémie, l'ensemble de cette médecine savante s'affronte avec la médecine populaire, dispensée par les guérisseurs, les rabouteurs, les femmes, les astrologues, les magiciens.

En m'approchant de la fin, je me demande quelle contribution j'ai pu apporter, par mon écrit, sur les perceptions des thérapies contre la peste et sur leur pérennité. Un certain nombre d'observations intéressantes émergent de cette étude grâce à l'analyse des sources. Cette recherche a certainement participé à une vision plus approfondie des contenus des textes médicaux contre la peste et il est incontestable que l'orthodoxie thérapeutique des auteurs et l'égalitarisme transfrontalier des recommandations ont été bien définis. De surcroît, bien que les écritures examinées indiquent comme seul interlocuteur un public aisé ou tout au moins lettré, la cohérence et l'uniformité des conseils et des soins corporels proposés par les praticiens médiévaux impliquent toujours une perception univoque des stratégies à instaurer pour combattre la peste. A la lecture, il apparaît la conscience de l'urgence, l'union sacrée du front médical contre la mortalité, mais surtout cette précise homogénéité diagnostique et thérapeutique. La dualité curative entre les riches et les pauvres résulte aussi de cette tentative de prise en charge généralisée : les membres des diverses classes sociales sont considérés physiologiquement et intellectuellement divergents, mais ont tous pareillement droits à des soins, bien qu'adaptés à leur condition sociale. L'ignorance de la maladie écarte la faculté d'un traitement précis, les praticiens mobilisent leurs connaissances pour l'expliquer et la soigner en faisant appel aux doctrines humorales. Les mêmes thérapies sont applicables, par l'unique biais des modifications de posologie, aux sujets sains au titre préventif et aux *infirmis* comme cure. La volonté de pallier à la *putredinem* est un point crucial chez les auteurs analysés : celle-ci est donc contrecarrée à la fois à travers la sauvegarde de l'indispensable salubrité du *pneuma* et des fonctions vitales qui lui sont corrélées, que par la consommation d'une nourriture supposée combattre l'humidité. Les auteurs insistent sur la *confortationem* à travers des thérapies centrées sur l'usage de la thériaque, du mithridate et d'autres polypharmaques et simples issus des trois règnes. Le concept d'évacuation est également bien représenté, à travers l'application de la saignée, des clystères et par l'usage de diurétiques et de laxatifs. Le rôle de l'imagination, de l'exotérisme, de la magie, des croyances et de l'irrationnel est fondamental pour toute discussion sur la pharmacologie et la thérapeutique anti-peste. Ainsi, la richesse thérapeutique d'un électuaire comme la thériaque, n'est pas uniquement générée par la somme des qualités de ses ingrédients, mais est également étoffée par une aura de mysticisme, amplifiée par le nombre de ses simples et la difficulté de sa préparation. Les textes examinés contribuent à démontrer la véridicité de cette approche harmonieuse et unitaire des prescriptions et de préceptes conseillés : la perception du corps et les thérapies contre le fléau pesteux demeurent identiques pendant trois cents ans. Le siècle successif, le XVIIIe, préconise fatalement les mêmes astuces. En 1739, Marie de Maupeon Fouquet, vicomtesse de Vaux, écrit le « Recueil des remèdes faciles et domestiques »[285], un *corpus consiliorum* rédigé au bénéfice des indigents parisiens. Elle y assemble de nombreux conseils et

[285] Fouquet Marie, Recueil des remèdes faciles et domestiques, Paris, 1739.

recettes, dont deux sont finalisés à soigner la peste. La première recette, située au VIe chapitre, préconise l'usage d'aloès, corail rouge, ambre, or, perles et de la corne de la licorne. Et dans la seconde recette, au chapitre IX, 400 ans après la Peste Noire, Marie Fouquet recommande un *secretum optimum contra pestem : prendre un crapaud tout en vie et l'appliquer sur le bubon jusqu'à sa mort.* Cette dernière citation me conduit vers une observation supplémentaire. En dépit de ma lucidité sur le contexte historique médiéval, totalement absent de considération à l'égard de la condition animale, force est de constater que les textes analysés dévoilent une souffrance animale inexprimable que nous ne pouvons que dénoncer : des recettes médicales et des tactiques de cure qui incorporent des animaux encore vivants rôtis, écorchés, triturés, découpés, étouffés, calcinés. Le manque de respect envers les bêtes n'est qu'une facette de la cruauté thérapeutique généralement admise, qui implique tous les supplices des actes chirurgicaux, des saignées, des bains. La prise en charge des malades est même plus inhumaine que les symptômes pesteux.

Nonobstant les contributions apportées, de nombreuses questions demeurent en suspens. Le champ d'investigation, préalablement très ambitieux, a forcément été réduit par le choix obligé de la disponibilité des sources. Des doutes subsistent, fondés sur l'insuffisance quantitative du corpus, qui affecte l'infaillibilité du discours. En ce sens, j'espère avoir stimulé les penseurs vers un chemin de recherche qui mobilise un éventail chronologique et géographique bien plus généreux, dont les résultats établissent des parallélismes entre la situation sanitaire, médicale et intellectuelle française et italienne et celle des autres pays européens également proies de la peste. Pour obtenir ces réponses, l'outil primordial sera une bibliographie plus importante et géographiquement plus élargie. Une méthodologie rigoureuse est toujours nécessaire, qui puisse mobiliser, outre le latin, les langues vulgaires européennes. Les résultats pourraient être stupéfiants et même contredire les miens. D'autres axes de recherche pourraient être davantage explorés. La peste devenant un problème de santé publique, l'étude des mécanismes d'adaptation comportementale de la population face à l'épidémie mériterait un approfondissement. La pérennisation des réactions des pouvoirs publiques, par les quarantaines et les isolements sanitaires dans les lazarets, pourrait être une autre direction d'enquête, notamment à travers la comparaison avec les mesures actuelles de contrôle national sanitaire, l'enfermement ayant été le meilleur moyen gouvernemental de réguler l'épidémie durant la crise sanitaire due au coronavirus 19. A l'instar de la peste, la Covid a aussi déclenché une méfiance généralisée contre les outils médicaux, la pharmacie et la médecine, estimés comme impuissants et trop lents face à la propagation du mal. A travers cette dernière pandémie mondiale, l'homme contemporain a partiellement éprouvé la même terreur de nos ancêtres face au fléau pesteux.

Pourtant, la peste n'est pas une pathologie « historique » totalement disparue, comme la variole. Sa survie persiste dans quelques foyers extra-européens où les dératisations systématiques sont impraticables ; il est parfaitement vraisemblable qu'une nouvelle souche résistante aux traitements actuels, fondés sur les antibiotiques et la pénicilline, puisse encore émerger. Enquêter sur les épidémies historiques signifie alors tenter de normaliser et de comprendre le passé médical et fatalement, de le comparer à la situation actuelle afin de prévoir le futur.

Table des matières

Structures éditoriales du groupe L'Harmattan

L'Harmattan Italie
Via degli Artisti, 15
10124 Torino
harmattan.italia@gmail.com

L'Harmattan Hongrie
Kossuth l. u. 14-16.
1053 Budapest
harmattan@harmattan.hu

L'Harmattan Sénégal
10 VDN en face Mermoz
BP 45034 Dakar-Fann
senharmattan@gmail.com

L'Harmattan Cameroun
TSINGA/FECAFOOT
BP 11486 Yaoundé
inkoukam@gmail.com

L'Harmattan Burkina Faso
Achille Somé – tengnule@hotmail.fr

L'Harmattan Guinée
Almamya, rue KA 028 OKB Agency
BP 3470 Conakry
harmattanguinee@yahoo.fr

L'Harmattan RDC
185, avenue Nyangwe
Commune de Lingwala – Kinshasa
matangilamusadila@yahoo.fr

L'Harmattan Congo
67, boulevard Denis-Sassou-N'Guesso
BP 2874 Brazzaville
harmattan.congo@yahoo.fr

L'Harmattan Mali
ACI 2000 - Immeuble Mgr Jean Marie Cisse
Bureau 10
BP 145 Bamako-Mali
mali@harmattan.fr

L'Harmattan Togo
Djidjole – Lomé
Maison Amela
face EPP BATOME
ddamela@aol.com

L'Harmattan Côte d'Ivoire
Résidence Karl – Cité des Arts
Abidjan-Cocody
03 BP 1588 Abidjan
espace_harmattan.ci@hotmail.fr

Nos librairies en France

Librairie internationale
16, rue des Écoles
75005 Paris
librairie.internationale@harmattan.fr
01 40 46 79 11
www.librairieharmattan.com

Librairie des savoirs
21, rue des Écoles
75005 Paris
librairie.sh@harmattan.fr
01 46 34 13 71
www.librairieharmattansh.com

Librairie Le Lucernaire
53, rue Notre-Dame-des-Champs
75006 Paris
librairie@lucernaire.fr
01 42 22 67 13

www.ingramcontent.com/pod-product-compliance
Lightning Source LLC
LaVergne TN
LVHW011008061026
849535LV00006B/1774
* 9 7 8 2 3 4 3 2 2 1 6 9 4 *